土建工程师必备技能系列丛书

高大模板支撑系统施工技术与质量管理

赵志刚　主编

中国建筑工业出版社

图书在版编目（CIP）数据

高大模板支撑系统施工技术与质量管理/赵志刚主编.
北京：中国建筑工业出版社，2015.11（2021.4重印）
土建工程师必备技能系列丛书
ISBN 978-7-112-18488-0

Ⅰ.①高… Ⅱ.①赵… Ⅲ.①模板-建筑工程-工程
施工-质量管理 Ⅳ.①TU755.2

中国版本图书馆 CIP 数据核字（2015）第 225435 号

本书主要介绍了高大模板支撑系统的施工技术与质量管理，全书分为 5 章，第 1 章 相关标准规范和规定文件介绍；第 2 章 模板支架的基本受力形式及受力分析；第 3 章 高大模板支撑架坍塌事故案例分析；第 4 章 高大模板支撑系统安全专项方案编制与管理；第 5 章 高大模板支撑系统设计计算及施工管理。

本书内容精练、重点突出、图文并茂，既可作为广大模板从业人员用书，亦可帮助建筑工程技术与管理人员快速适应企业发展、提高自身技能。

责任编辑：张　磊　王华月
责任设计：李志立
责任校对：张　颖　孙梦然

土建工程师必备技能系列丛书
高大模板支撑系统施工技术与质量管理
赵志刚　主编
＊
中国建筑工业出版社出版、发行（北京西郊百万庄）
各地新华书店、建筑书店经销
霸州市顺浩图文科技发展有限公司制版
北京建筑工业印刷厂印刷
＊
开本：787×1092毫米　1/16　印张：11　字数：270千字
2016年1月第一版　2021年4月第六次印刷
定价：**45.00**元
ISBN 978-7-112-18488-0
（37290）

本书编委会

主　　编：赵志刚

参编人员：孟祥金　邢志敏　曾　雄　徐　鹏　越雅楠　乌兰图雅

　　　　　张文明　刘樟斌　郑嘉鑫　陈德荣　杜金虎　沈　权

　　　　　樊红彪　吴芝泽　张小元　刘绪飞　刘建新　韩路平

　　　　　许永宁　王晓亮　吴海燕　唐福均　聂星胜　陆胜华

前　言

随着建筑业规模的逐渐扩大，我国建筑工程施工安全生产形势更加严峻，重大安全事故频频发生，尤其以高大模板支架坍塌事故更为突出。在建筑施工中，由于方案、施工、监督、验收等失误导致模架工程出现了一系列安全问题，虽然国家有关部门制定了相应的法律、法规以加强对高大模板支撑施工的管理与约束。

但高大模板支架施工难度大，危险性较高，这无疑对施工管理人员的技术及管理水平提出更高的要求。特编写此书，为广大建筑工程技术与管理人员快速适应企业发展、提高自身技能尽绵薄之力。

本书摒弃以往教科书的纯理论知识型讲解，注重理论与实践的结合性，章节脉络清晰，前后衔接紧密。

1. 通过对相关规范、条文的介绍，引出施工规范要点；

2. 通过对真实案例的分析，得出施工的安全要点；

3. 通过对架体的受力分析，得出施工的技术要点；

4. 通过对专项方案的编制与管理的分析，得出施工的组织要点；

5. 通过对技术参数的选择与计算及施工管理的分析，得出施工的控制要点。

由于编者水平有限，书中难免有不妥之处，欢迎广大读者批评指正，意见及建议可发送至邮箱 bwhzj1990@163.com。

目　录

第1章　相关标准规范和规定文件介绍 ······························· 1

1.1　87号文及导则 ·· 1

1.1.1　总述 ·· 1

1.1.2　87号文相关规定 ·· 2

1.1.3　导则 ·· 6

1.2　模板施工相关规范简介 ·· 9

1.2.1　《液压滑动模板施工安全技术规程》JGJ 65—2013 ·············· 9

1.2.2　《建筑施工模板安全技术规范》JGJ 162—2008 ················ 10

1.2.3　《建筑施工门式钢管脚手架安全技术规范》JGJ 128—2010 ······· 10

1.2.4　《建筑施工扣件式钢管脚手架安全技术规范》JGJ 130—2011 ······ 10

1.2.5　《建筑施工木脚手架安全技术规范》JGJ 164—2008 ············· 11

1.2.6　《建筑施工碗扣式钢管脚手架安全技术规范》JGJ 166—2008 ······ 12

1.2.7　《建筑施工高处作业安全技术规范》JGJ 80—1991 ············· 12

1.3　模板设计及计算 ·· 12

1.3.1　恒荷载 ··· 12

1.3.2　活荷载 ··· 13

1.3.3　活荷载取值 ··· 13

1.3.4　风荷载 ··· 14

1.3.5　荷载设计值 ··· 14

1.3.6　模板及其支架的设计根据 ····································· 15

1.3.7　模板及其支架的设计规定 ····································· 15

1.3.8　模板设计的内容 ··· 15

1.3.9　模板设计应注意的问题 ······································· 16

1.4　模板施工质量控制要点 ·· 17

1.4.1　模架材料质量控制 ··· 17

1.4.2　模架搭设施工质量控制要点 ··································· 18

1.4.3　多层模板支撑施工控制要点 ··································· 19

1.4.4　模板支架稳定体系与非稳定体系 ······························· 19

1.4.5　模板搭设尺寸偏差 ··· 19

1.4.6　模板施工场容场貌 ··· 20

1.4.7　楼板模板施工质量控制 ······································· 20

1.4.8　墙、柱模板施工质量控制 ····································· 21

1.4.9　地下室外墙模板施工质量控制 ································· 24

1.4.10　内墙模板施工质量控制 ······································ 25

1.4.11　梁模板施工质量控制 ·· 25

1.4.12　楼板后浇带模板支撑体系施工质量控制 ························ 27

1.4.13　楼板后浇带模板施工质量控制 ································ 27

  1.4.14 地下室外墙后浇带模板施工质量控制 ················· 28

  1.4.15 电梯井、集水坑模板施工质量控制 ················· 28

  1.4.16 门窗洞口模板施工质量控制 ················· 28

  1.4.17 楼梯模板施工质量控制 ················· 29

  1.4.18 布料机处模板施工质量控制 ················· 30

  1.4.19 细部模板施工质量控制 ················· 31

  1.4.20 模板拆除施工质量控制 ················· 31

 1.5 模板构造与安装 ················· 32

  1.5.1 一般规定 ················· 32

  1.5.2 支架立柱安装构造 ················· 37

  1.5.3 普通模板安装构造 ················· 43

 1.6 模板拆除及安全管理 ················· 45

 1.7 模板施工常见质量问题 ················· 45

  1.7.1 模架材料必须验收合格 ················· 45

  1.7.2 模架施工技术交底 ················· 45

  1.7.3 模架施工完必须有验收 ················· 46

  1.7.4 模板拆除技术交底 ················· 46

第2章 模板支架的基本受力形式及受力分析 ················· 47

 2.1 模板支架的基本受力形式 ················· 47

  2.1.1 轴心受压与偏心受压 ················· 47

  2.1.2 扣件钢管支模架整架受力试验 ················· 47

  2.1.3 扣件钢管支模架整架试验结论 ················· 48

 2.2 模板支架受力分析 ················· 49

  2.2.1 《建筑施工扣件式钢管脚手架安全技术规范》对模板支架计算规定 ················· 49

  2.2.2 扣件抗滑承载力的计算复核 ················· 50

  2.2.3 扣件钢管支模计算实例 ················· 50

  2.2.4 对扣件钢管高大支模架承载力计算的总结 ················· 51

 2.3 《建筑施工扣件式钢管脚手架安全技术规范》JGJ 130—2011 相关内容 ················· 52

  2.3.1 总则 ················· 52

  2.3.2 术语和符号 ················· 53

  2.3.3 构配件 ················· 57

  2.3.4 荷载 ················· 58

  2.3.5 设计计算 ················· 63

  2.3.6 构造要求 ················· 67

  2.3.7 施工 ················· 79

  2.3.8 检查与验收保养 ················· 82

  2.3.9 安全管理 ················· 84

第3章 高大模板支撑架坍塌事故案例分析 ················· 85

 3.1 中央下发建筑施工安全生产指示和安全生产法律规范 ················· 85

  3.1.1 全国建筑施工安全生产电视电话会议提出的"四项措施"和"四点要求" ················· 85

  3.1.2 法律法规引用之生产安全事故报告和调查处理条例 ················· 86

 3.2 事故现场、处理、原因分析 ················· 86

3.2.1　光山县"12·19"模板支架坍塌事件 ································ 86

3.2.2　"12·29清华附中事故" ·· 89

3.2.3　云南文山"2·9"模板坍塌事件 ·································· 89

3.2.4　贵阳国际会议展览中心垮塌事件 ································ 90

3.2.5　北京西西工程4号地高大厅堂顶盖模板支架垮塌事件 ········ 92

3.2.6　南京"10·25"事件 ·· 94

3.2.7　南京江宁"9·1"事件 ·· 99

3.2.8　南京河西中央公园工程事件 ···································· 99

3.2.9　广西大图书馆演讲厅坍塌事件 ·································· 100

3.2.10　共享空间21m高支模系统坍塌事件 ····························· 100

3.2.11　陕西宝鸡市法门寺工程模板坍塌事件 ·························· 103

3.2.12　襄阳市南漳县"11·20"事件 ·································· 103

3.3　模板支撑架事故原因分析 ··· 105

3.3.1　支撑架材料 ·· 105

3.3.2　支模架构造错误 ·· 105

3.3.3　管理不善 ·· 105

3.3.4　施工工艺不当 ·· 106

3.4　模板支撑架总结 ··· 106

3.4.1　支架施工设计方案与设计计算方面的问题 ··················· 106

3.4.2　施工组织管理方面的问题 ······································ 106

3.4.3　施工器材质量方面的问题 ······································ 106

3.4.4　专项施工管理把控不力 ·· 106

3.5　模板支架坍塌事故的技术安全责任、隐患分析 ·················· 106

3.5.1　技术安全责任认定 ··· 106

3.5.2　针对模板支架坍塌事故发生的关于原因和责任的思考 ······· 107

3.5.3　三大方面的安全事故表现 ······································ 108

3.5.4　习惯性安全隐患 ·· 108

3.5.5　严格控制施工关键环节和安全点，杜绝模板支架坍塌事故发生 ··· 109

3.6　关于建筑行业技术安全的延伸 ······································· 110

第4章　高大模板支撑系统安全专项方案编制与管理 ··················· 111

4.1　专项方案编制管理规定及原则 ······································· 111

4.1.1　专项方案编制管理规定 ·· 111

4.1.2　安全专项方案编制十原则 ······································ 111

4.1.3　安全专项方案编制基本要求 ···································· 112

4.2　模架工程专项方案编制要点 ··· 114

4.2.1　编制依据 ·· 114

4.2.2　工程概况 ·· 116

4.2.3　模架（脚手架）体系选择 ······································ 121

4.2.4　模架（脚手架）设计方案与施工工艺 ························ 123

4.2.5　施工安全保证措施 ··· 132

4.2.6　应急预案 ·· 136

4.2.7　模架（脚手架）施工图 ·· 137

4.2.8 计算书 ………………………………………………………………… 137

4.3 模架工程专项方案论证要点 …………………………………………… 139

4.4 属高大模板支架范围 …………………………………………………… 139

第5章 高大模板支撑系统设计计算及施工管理 …………………………… 140

5.1 计算内容 ………………………………………………………………… 140

5.1.1 竖向结构验算项目 ………………………………………………… 140

5.1.2 水平结构验算项目 ………………………………………………… 140

5.2 计算实例 ………………………………………………………………… 140

5.2.1 梁模板计算 ………………………………………………………… 140

5.2.2 梁模板底模（侧模）计算 ………………………………………… 142

5.2.3 梁模板支架计算 …………………………………………………… 144

5.2.4 满堂楼板模板支架计算 …………………………………………… 147

5.3 模架材料进场验收 ……………………………………………………… 149

5.3.1 验收对象 …………………………………………………………… 149

5.3.2 验收方法 …………………………………………………………… 149

5.3.3 验收标准 …………………………………………………………… 149

5.4 搭设技术交底及验收 …………………………………………………… 151

5.4.1 搭设技术交底 ……………………………………………………… 151

5.4.2 搭设检查 …………………………………………………………… 153

5.4.3 搭设验收 …………………………………………………………… 156

5.5 模架施工安全控制点与技巧 …………………………………………… 157

5.5.1 模架施工安全控制点 ……………………………………………… 157

5.5.2 模架施工安全控制技巧 …………………………………………… 158

5.6 模架施工管理监督要点 ………………………………………………… 164

5.7 总结 ……………………………………………………………………… 165

第1章　相关标准规范和规定文件介绍

1.1　87号文及导则

1.1.1　总述

改革开放以来，建筑业是国民经济的重要物质生产部门，与整个国家经济发展和人民生活的改善有着密切的关系，我国的工程建设、经济发展和社会进步都取得了令世界瞩目的巨大成就。近年来建筑规模越来越大，高层、超高层、大跨度、大空间的建筑增多，大跨度建筑通常是指跨度在60m以上的建筑主要用于民用建筑的影院、体育馆、飞机库，见图1.1-1。现浇钢筋混凝土结构大量增加。模板工程施工在施工技术、安全技术、施工管理和安全管理方面的难度、复杂程度都发生了较大的变化。

在向市场体制转变的进程中，不乏有利益驱动恶性竞争等普遍性问题，这些问题也反映到施工技术、工程管理和安全监督的工作中。高大模板支架坍塌事故连接不断发生，也说明问题的存在及高支模施工安全质量难控性。高支模的危害性，见图1.1-2、图1.1-3。因此，进一步提高

图1.1-1　高层、超高层建筑

图1.1-2　高支模坍塌实例

图1.1-3　高支模坍塌实例

建筑施工队伍的模板工程安全技术、安全管理水平；进一步加大对模板工程施工过程的安全监督管理，是本书要解决的难点。

1.1.2 87号文相关规定

（1）进一步规范和加强对危险性较大的分部分项工程安全管理：积极防范和遏制建筑施工生产安全事故的发生，住房和城乡建设部出台《危险性较大的分部分项工程安全管理办法》。

（2）适用于房屋建筑和市政基础设施工程（以下简称"建筑工程"）的新建、改建、扩建、装修和拆除等建筑安全生产活动及安全管理。

（3）危险性较大的分部分项工程安全专项施工方案（以下简称"专项方案"），是指施工单位在编制施工组织（总）设计的基础上，针对危险性较大的分部分项工程单独编制的安全技术措施文件。

（4）建设单位在申请领取施工许可证或办理安全监督手续时，应当提供危险性较大的分部分项工程清单和安全管理措施，见表1.1-1。施工单位、监理单位应当建立危险性较大的分部分项工程安全管理制度。

危险性较大的分部分项工程清单和安全管理措施　　　　　　表 1.1-1

序号	分部分项名称	危险有害因素类别	目标	安全管理方案	责任部门	完成时间
1	混凝土工程	物体打击、高处坠落	确保无人员伤亡、高空坠落事故	1. 编制混凝土工程专项方案，并经公司技术负责人审批同意 2. 工程施工前必须对作业人员进行安全教育及安全技术交底施工人员须穿戴好个人防护用品（如安全带、安全帽、工作鞋等） 3. 做好对混凝土输送设备的检查验收工作	工程部、技术部、安全部	基础、主体完成
2	起重吊装工程	起重伤害	确保无伤亡、无设备事故	1. 吊装前必须对作业人员进行安全教育及技术交底 2. 吊装期间必须设置警戒区域，有专职安全生产管理人员现场监督及专职示号员指挥 3. 作业人员必须持有效证上岗，吊臂正严禁站人 4. 加强对设备的检修和保养	工程部、技术部、安全部	工程竣工大型设备拆除
3	脚手架工程	物体打击、坍塌、高处坠落	确保无伤亡无坍塌事故	1. 编制脚手架搭设、拆除专项方案，超高、悬挑式脚手架必须经计算，并经公司技术负责人审批同意 2. 按要求对架进行验收 3. 搭设前对架子工进行安全教育及安全技术交底，搭、拆人员持证上岗 4. 安装、拆除、安装时设置警戒区，有专职安全生产管理人员监督 5. 搭设完成后，必须进行验收，验收合格后方可使用 6. 使用过程中严禁超载	工程部、技术部、安全部	主体完成、脚手架拆除

（5）施工单位应当在危险性较大的分部分项工程施工前编制专项方案；对于超过一定规模的危险性较大的分部分项工程，施工单位应当组织专家对专项方案进行论证。组织专家组不仅可以论证施工安全问题，还可以论证施工技术和方法等，通过充分发挥专家在施工领域里丰富的施工经验和一定的预见能力，为工程提出切实可行的建议，见图1.1-4。

专家论证是一个把关的过程能更大范围的汇总信息，能更好的沟通，能做出更好的沟通，能做出更好的决策

图 1.1-4　高支模专家论证会

（6）建筑工程实行施工总承包的，专项方案应当由施工总承包单位组织编制。其中，起重机械安装拆卸工程、深基坑工程、附着式升降脚手架等专业工程实行分包的，其专项方案可由专业承包单位组织编制，见图1.1-5、图1.1-6。

高空作业系安全带，设置护栏并派人看管，严禁超载吊装、禁止斜吊、采取防高空坠落措施，禁止六级大风的情况下吊装

深基坑工程：开挖深度超过5m的基坑（槽）的土方开挖、支护、降水工程。开挖未超过5m，但地质条件、周围环境和地下管线复杂，影响毗邻建筑（构筑物）安全的基坑开挖、支护、降水工程

图 1.1-5　起重机械安装拆卸

图 1.1-6　深基坑工程

（7）专项方案编制应包括内容：工程概况、编制依据、施工计划、施工工艺技术、施工安全保障措施、劳动计划、计算书及附图。

（8）专项方案审核：应当由施工单位技术部门组织本单位施工技术、安全、质量等部门的专业技术人员进行审核。经审核合格的，由施工单位技术负责人签字。实行施工总承包的，专项方案应当由总承包单位技术负责人及相关专业承包单位技术负责人签字，见图1.1-7、图1.1-8。

（9）不需专家论证的专项方案：经施工单位审核合格后报监理单位，由项目总监理工程师审核签字。超过一定规模的危险性较大的分部分项工程专项方案应当由施工单位组织召开专家论证会。实行施工总承包的，由施工总承包单位组织召开专家论证会。

施工单位组织专家论证会本项目参建各方人员不得以专家身份参加专家论证会

主持人介绍参会人员、专家组成员，专家组推选一名专家论证组组长，施工单位汇报专项方案，专家成员根据汇报情况提出问题及要求，专家组根据汇报方案发表专家论证意见并形成书面报告。专家不少于5人

图 1.1-7　高支模专家论证会　　　　　图 1.1-8　高支模专家论证会

（10）参加专家论证会人员：专家组成员；建设单位项目负责人或技术负责人；监理单位项目总监理工程师及相关人员；施工单位分管安全的负责人、技术负责人、项目负责人、项目技术负责人、专项方案编制人员、项目专职安全生产管理人员；勘察、设计单位项目技术负责人及相关人员，见图 1.1-9、图 1.1-10。

参加专家论证会人员：专家组成员、建设单位项目负责人或技术负责人、监理单位项目总监理工程师及相关人员

施工单位分管安全的负责人、技术负责人、项目负责人、项目技术负责人、专项方案编制人员、项目专职安全生产管理人员

图 1.1-9　专家论证会　　　　　图 1.1-10　专家论证会

（11）专家组成员要求：应当由 5 名及以上符合相关专业要求的专家组成。本项目参建各方的人员不得以专家身份参加专家论证会。

（12）专项方案经论证后，专家组应当提交论证报告，对论证的内容提出明确的意见，并在论证报告上签字。该报告作为专项方案修改完善的指导意见，见表 1.1-2。

（13）论证报告：施工单位应当根据论证报告修改完善专项方案，并经施工单位技术负责人、项目总监理工程师、建设单位项目负责人签字后，方可组织实施。实行施工总承包的，应当由施工总承包单位、相关专业承包单位技术负责人签字。

危险性较大的分部分项工程专家论证报告			表 1. 1-2

工程名称	北京地铁九号线白石桥南站(六号线部分)热力管线改造工程		
总承包单位	××××设工程有限公司	项目负责人	×××
分包单位		项目负责人	

危险性较大的分部分项工程名称	竖井支护工程

专家一览表

姓名	工作单位	专家编号
×××	××建工集团	YT137
×××	××××建设开发总公司	YT208
×××	××××建勘测设计研究院	YT147
×××	×××机械施工有限公司	YT200
××	×××工程勘察设计研究院有限公司	YT130

专家论证结论:通过□ 修改后通过□ 不通过□

专家建议及修改意见:

本工程为热力小室竖井,开挖深度6.24m,采用钢格栅网喷混凝土与角撑与对撑支护,路面采用钢刚架桥疏导交通,该方案在进行下述修改后可投入施工

1. 钢架桥上载荷应根据实际情况在一定安全系数下进行复核计算,确定工字钢间距、型号,工字钢之间应横向连接,钢架桥开口处应保证强度要求

2. 竖井施工方案应细化对角开挖方案、监测方案、雨期施工方案,对周边建构筑物应详细调查,进行风险分析

3. 补充场地平面图,监测点布置图和钢架桥开口处节点图

4. 与结构设计协调钢架桥安装位置和载荷对竖井结构的影响

(论证专用章)

年 月 日

专家签名	组长: 专家:

总承包单位(盖章):　　　　　　　　　　　　　　　　　年　　月　　日

(14)专项方案技术交底:实施前,编制人员或项目技术负责人应当向现场管理人员和作业人员进行安全技术交底。必须采用书面技术交底,重点交底内容包括工程概况、施工特点、施工工艺、施工顺序、关键部位注意事项和以往施工中常见施工问题等,见图1.1-11。

(15)专项施工方案实施监测:施工单位应当指定专人对专项方案实施情况进行现场监督和按规定进行监测。发现不按照专项方案施工的,应当要求其立即整改;发现有危及人身安全紧急情况的,应当立即组织作业人员撤离危险区域。施工单位技术负责人应当定期巡查专项方案实施情况。

(16)危险较大工程验收:施工单位、监理单位应当组织有关人员对危险较大工

由编制人员或项目技术负责人进行书面技术交底,参与技术交底人员必须签字确认

图1.1-11 现场技术交底

程进行验收。验收合格的，经施工单位项目技术负责人及项目总监理工程师签字后，方可进入下一道工序，见图 1.1-12。

（17）模板工程及支撑体系：

1）各类工具式模板工程：包括大模板、滑模、爬模、飞模等工程。

2）混凝土模板支撑工程：搭设高度 5m 及以上；搭设跨度 10m 及以上；施工总荷载 $10kN/m^2$ 及以上；集中线荷载 15kN/m 及以上；高度大于支撑水平投影宽度且相对独立无联系构件的混凝土模板支撑工程。承重支撑体系：用于钢结构安装等满堂支撑体系。

（18）超过一定规模的危险性较大的分部分项工程范围：

工具式模板工程：包括滑模、爬模、飞模工程，见图 1.1-13～图 1.1-15。

图 1.1-12　高支模搭设实例

图 1.1-13　滑模

图 1.1-14　爬模

图 1.1-15　飞模

混凝土模板支撑工程：搭设高度 8m 及以上；搭设跨度 18m 及以上，见图 1.1-16。施工总荷载 $15kN/m^2$ 及以上；集中线荷载 20kN/m 及以上，见图 1.1-17。承重支撑体系：用于钢结构安装等满堂支撑体系，承受单点集中荷载 700kg 以上。

1.1.3　导则

1. 验收管理

高大模板支撑系统搭设前，应由项目技术负责人组织对需要处理或加固的地基、基础进行验收，对用于高支模的扣件、配件进行检查验收，保证支撑体系具有足够的承载力、刚度和稳定性，对不合格的材料严禁使用，并留存记录，见图 1.1-18。

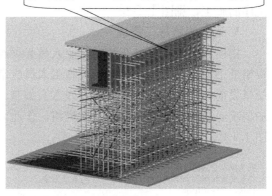

搭设高度8m及以上；搭设跨度18m及以上

施工总荷载15kN/m² 及以上；集中线荷载20kN/m 及以上

图 1.1-16　搭设高度 8m 及以上、搭设跨度 18m 及以上高支模搭设实例

图 1.1-17　施工总荷载 15kN/m² 及以上、集中荷载 20kN/m 及以上高支模搭设实例

2. 高大模板支撑系统的结构材料验收

应按以下要求进行验收、抽检和检测，并留存记录、资料：施工单位应对进场的承重杆件、连接件等材料的产品合格证、生产许可证、检测报告进行复核，并对其表面观感、重量等物理指标进行抽检。对承重杆件的外观抽检数量不得低于搭设用量的 30%，发现质量不符合标准、情况严重的，要进行 100% 的检验，并随机抽取外观检验不合格的材料（由监理见证取样）送法定专业检测机构进行检测。采用钢管扣件搭设高大模板支撑系统时，还应对扣件螺栓的紧固力矩进行抽查，抽查数量应符合《建筑施工扣件式

项目技术负责人组织验收，项目技术负责人、总监理工程师签字确认

图 1.1-18　高支模脚手架验收

钢管脚手架安全技术规范》JGJ 130—2011 的规定，对梁底扣件应进行 100% 检查，见图 1.1-19。高大模板支撑系统应在搭设完成后，由项目负责人组织验收，验收人员应包括施工单位和项目两级技术人员、项目安全、质量、施工人员，监理单位的总监和专业监理工

梁底扣件螺栓紧固力矩应进行100%检查

图 1.1-19　螺栓紧固力矩检查

验收合格后项目技术负责人、总监理工程师、签字

图 1.1-20　高支模验收

程师。验收合格，经施工单位项目技术负责人及项目总监理工程师签字后，方可进入后续工序的施工，见图 1.1-20。

3. 高大模板施工管理

搭设高大模板支撑架体的作业人员必须经过培训，取得建筑施工脚手架特种作业操作资格证书后方可上岗。其他相关施工人员应掌握相应的专业知识和技能。高大模板支撑系统搭设前，项目工程技术负责人或方案编制人员应当根据专项施工方案和有关规范、标准的要求，对现场管理人员、操作班组、作业人员进行安全技术交底，并履行签字手续，见图 1.1-21、图 1.1-22。

安全技术交底的内容应包括模板支撑工程工艺、工序、作业要点和搭设安全技术要求等内容，参与人员签字确认，并保留记录

高支模交底要点：搭设顺序、立杆间距、扣件紧固力矩要求、剪刀撑的搭接要求及作业要点，参与技术交底人员签字确认

图 1.1-21　高大模板脚手架搭设

图 1.1-22　现场技术交底

模板支撑系统应为独立的系统，禁止与物料提升机、施工升降机、塔吊等起重设备钢结构架体机身及其附着设施相连接；禁止与施工脚手架、物料周转料平台等架体相连接。

4. 施工过程中检查项目应符合的要求

立柱底部基础应回填夯实；垫木应满足设计要求；底座位置应正确，顶托螺杆伸出长度应符合规定；立柱的规格尺寸和垂直度应符合要求，不得出现偏心荷载；扫地杆、水平拉杆、剪刀撑等设置应符合规定，固定可靠；安全网和各种安全防护设施符合要求，见图 1.1-23、图 1.1-24。

立柱底部基础应回填夯实；垫木应满足设计要求底座位置应正确；扫地杆、水平拉杆、剪刀撑等设置应符合规定

顶托螺杆伸出长度不超过200mm，立柱的规格尺寸和垂直度应符合要求

图 1.1-23　模板脚手架搭接图

图 1.1-24　模板脚手架自由端螺杆外露长度做法实例

5. 混凝土浇筑令

施工单位项目技术负责人、项目总监确认具备混凝土浇筑的安全生产条件后，签署混凝土浇筑令，方可浇筑混凝土，见表1.1-3。

混凝土浇筑令 ← 混凝土浇筑令必须由项目技术负责人、监理工程师签学后方可浇筑　　　　　表1.1-3

施工单位：××××建筑有限公司

工程名称	×××公司世纪花园二标段 A13		
致：××××工程监理公司			
三层 XB、QL 模板安装工作已完成，按有关规定进行了自检，符合规范及设计要求，申请浇筑混凝土施工。			
施工单位自检	测量	轴线、标高：符合要求	复核人：×××
	钢筋	规格、保护层：20mm	专检员：×××
	模板	尺寸、标高：符合要求	专检员：×××
	安装	位置、数量：符合要求	专检员：×××
	负责人：	施工单位（章）：	日期：××××
监理单位检查意见	现场检查情况	各项工作就绪	
	配合比审查及施工配合比	已经标过	
	原材料检查情况	符合规定	
	计量设施检查情况	计量设施齐全	
	监理工程师签字：		日期：

本表一式两份：监理单位一份，施工单位一份。

6. 框架结构中混凝土浇筑顺序

柱和梁板的混凝土浇筑顺序，应按先浇筑柱混凝土，后浇筑梁板混凝土的顺序进行。浇筑过程确保支撑系统受力均匀，避免引起高大模板支撑系统的失稳倾斜，见图1.1-25。

图 1.1-25　高支模支撑失稳倾斜实图

1.2　模板施工相关规范简介

1.2.1　《液压滑动模板施工安全技术规程》JGJ 65—2013

由于有些施工单位对滑模工艺的特点和它所带来的某些特殊技术问题还认识不足，施工中也曾发生过一些质量和安全问题，见图1.2-1。为使滑模工程质量得到保证，并使滑模工艺过程进一步规范化编制此规范。

1.2.2 《建筑施工模板安全技术规范》JGJ 162—2008

为在工程建设模板工程施工中贯彻我国安全生产的方针和政策，做到技术先

图1.2-1 液压滑动模板实例

进、经济合理、方便适用和确保安全生产，制定本规范，见图1.2-2、图1.2-3。

图1.2-2 施工模板支撑体系实图

图1.2-3 施工模板支撑体系实图

1.2.3 《建筑施工门式钢管脚手架安全技术规范》JGJ 128—2010

适用于房屋建筑与市政工程施工中采用门式钢管脚手架搭设的落地式脚手架、悬挑脚手架、满堂脚手架与模板支架的设计、施工和使用，见图1.2-4、图1.2-5。

图1.2-4 门式钢管脚手架实图

图1.2-5 门式钢管脚手架实图

1.2.4 《建筑施工扣件式钢管脚手架安全技术规范》JGJ 130—2011

为在扣件式钢管脚手架设计与施工中贯彻执行国家安全生产的方针政策，确保施工人员安全，做到技术先进、经济合理、安全适用，制定本规范。本规范适用于房屋建筑工程和市政工程等施工用落地式单、双排扣件式钢管脚手架、满堂扣件式钢管脚手架、型钢悬挑扣件式钢管脚手架、满堂扣件式钢管支撑架的设计、施工及验收，见图1.2-6～图1.2-9。

图 1.2-6　型钢悬挑扣件式钢管脚手架

图 1.2-7　满堂扣件式钢管支撑架

图 1.2-8　双排扣件式钢管脚手架

图 1.2-9　满堂扣件式钢管脚手架

1.2.5 《建筑施工木脚手架安全技术规范》JGJ 164—2008

为了贯彻执行国家"安全第一，预防为主，综合治理"的安全生产方针，使竹脚手架在搭设和使用中，确保安全、技术适用、经济合理，制定本规范。本规范适用于工业与民用建筑施工中竹脚手架的搭设和使用，见图 1.2-10。

图 1.2-10　竹脚手架

图 1.2-11　工程建设城建建工行业
标准编制工作手册

11

1.2.6 《建筑施工碗扣式钢管脚手架安全技术规范》JGJ 166—2008

在确定本标准总体编排和内容时，按照住房和城乡建设部"工程建设城建建工行业标准编制工作手册"的编写规定，编制过程中遵循条文规定明确、具体、通俗、易懂、逻辑性强，并不产生歧义，不带感情色彩。标准中在明确"干"的目标，规定怎么办，必须达到的要求，不得超过的界限等等，见图1.2-11。

1.2.7 《建筑施工高处作业安全技术规范》JGJ 80—1991

为了在建筑施工高处作业中，贯彻安全生产的方针，做到防护要求明确、技术合理和经济适用，制订了本规范。本规范适用于工业与民用房屋建筑及一般构筑物施工时，高处作业中临边、洞口、攀登、悬空、操作平台及交叉等项作业，见图1.2-12～图1.2-15。

图 1.2-12　高处临边防护

图 1.2-13　钢筋加工棚防护

图 1.2-14　楼梯防护

图 1.2-15　洞口防护

1.3 模板设计及计算

1.3.1 恒荷载

模板及其支架自重 G_1；新浇筑混凝土自重 $G_2 = 24kN/m^2$；钢筋自重 $G_3 = 1.5kN/m^2$ 板取 1.1kN、梁可取 1.5kN；新浇筑混凝土作用于模板侧压 $G_4 = 21.6kN/m^2$，见图 1.3-1。

图 1.3-1   模板承受恒荷载种类

1.3.2   活荷载

施工人员及设备荷载 $Q_1=2.5kN/m^2$；振捣混凝土时产生的荷载 $Q_2=4kN/m^2$；倾倒混凝土时，对垂直面模板产生的水平荷载 $Q_3=2kN/m^2$，见图 1.3-2。

图 1.3-2   模板支撑活荷载种类

1.3.3   活荷载取值

1. 模板支撑活荷载取值

当计算模板和直接支承模板的小梁时，均布活荷载可取 2.5kN/m²，再用集中荷载 2.5kN 进行验算，比较两者所得的弯矩值取其大值。

2. 模板小梁支撑活荷载取值

当计算直接支承小梁的主梁时，均布活荷载标准值可取 1.5kN/m²；当计算支架立柱及其他支承结构构件时，均布活荷载标准值可取 1.0kN/m²，见图 1.3-3。

3. 对大型浇筑设备活荷载计算

如上料平台、混凝土输送泵等按实际情况计算；采用布料机上料进行浇筑混凝土时，活荷载标准值取 4kN/m²，见图 1.3-4、图 1.3-5。

图 1.3-3　模板支撑活荷载取值

图 1.3-4　布料机上料活荷载标准取值

图 1.3-5　布料机造成垮塌实例

1.3.4　风荷载

风荷载标准值应按现行国家标准《建筑结构荷载规范》GB 50009—2012 中的规定计算，其中基本风压值应按该规范附录 D.4 中 $n=10$ 年的规定采用，并取风振系数。

1.3.5　荷载设计值

（1）计算模板及支架结构或构件的强度、稳定性和连接强度时，应采用荷载设计值（荷载标准值乘以荷载分项系数）。

（2）计算正常使用极限状态的变形时，应采用荷载标准值，见表 1.3-1。

（3）荷载标准取值：钢面板及支架作用荷载设计值可乘以系数 0.95 进行折减。当采用冷弯薄壁型钢时，其荷载设计值不应折减。

荷载分项系数　　　　　　　　　　　　　　　　　表 1.3-1

荷 载 类 别	分项系数 γ_i
模板及支架自重(G_{1k})	永久荷载的分项系数： (1)当其效应对结构不利时：对由可变荷载效应控制的组合,应取1.2；对由永久荷载效应控制的组合,应取1.35 (2)当其效应对结构有利时：一般情况应取1；对结构的倾覆、滑移验算,应取0.9　　凡是荷载效应对结构都不利
新浇筑混凝土自重(G_{2k})	
钢筋自重(G_{3k})	
新浇筑混凝土对模板侧面的压力(G_{4k})	
施工人员及施工设备荷载(Q_{1k})	可变荷载的分项系数： 一般情况下应取1.4； 对标准值大于 $4kN/m^2$ 的活荷载应取1.3
振捣混凝土时产生的荷载(Q_{2k})	
倾倒混凝土时产生的荷载(Q_{3k})	
风荷载(ω_k)	1.4

1.3.6　模板及其支架的设计根据

按照工程结构形式、荷载大小、地基土类别、施工设备和材料等条件进行。

1.3.7　模板及其支架的设计规定

(1) 有足够的承载能力、刚度和稳定性。

(2) 模板构造：构造应简单，装拆方便，便于钢筋的绑扎、安装和混凝土的浇筑、养护等要求。

1.3.8　模板设计的内容

(1) 绘制配板设计图、支撑设计布置图、细部构造和异型模板大样图，见图 1.3-6、图 1.3-7。

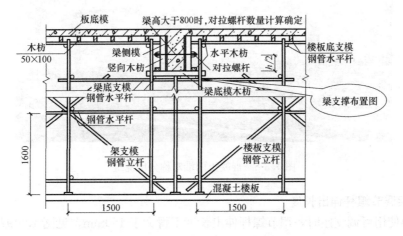

图 1.3-6　梁支撑布置图

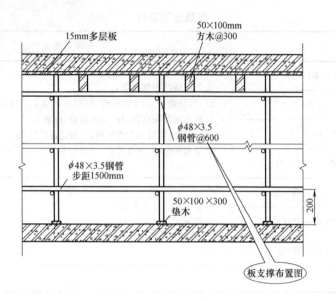

图 1.3-7 板支撑布置图

（2）按模板承受荷载的最不利组合对模板进行验算。

（3）制定模板安装及拆除的程序和方法。

（4）编制模板及配件的规格、数量汇总表和周转使用计划。

（5）编制模板施工安全、防火技术措施及施工说明书。

1.3.9 模板设计应注意的问题

1. 梁混凝土浇筑厚度

梁混凝土施工由跨中向两端对称分层浇筑，每层厚度不得大于 400mm，见图 1.3-8。

图 1.3-8 混凝土两端对称分层浇筑

2. 门架调节螺杆伸出长度

当门架使用可调支座时，调节螺杆伸出长度不得大于 150mm，见图 1.3-9；碗扣架调节螺杆伸出长度不得大于 200mm，见图 1.3-10。

调节螺杆伸出长度不得大于150mm

调节螺杆伸出长度不得大于200mm

图 1.3-9　门架式调节螺杆伸出长度　　　图 1.3-10　碗扣式调节螺杆伸出长度

1.4　模板施工质量控制要点

1.4.1　模架材料质量控制

1.《建筑施工扣件式钢管脚手架安全技术规范》JGJ 130—2011

规范规定：扣件在螺栓拧紧扭力矩达到 65N·m 时，不得发生破坏。

2. 可调托撑螺杆技术参数

可调托撑螺杆外径不得小于 36mm，可调托撑的螺杆与支架托板焊接应牢固，焊缝高度不得小于 6mm；可调托撑螺杆与螺母旋合长度不得少于 5 扣，螺母厚度不得小于 30mm。可调托撑受压承载力设计值不应小于 40kN，支托板厚不应小于 5mm，见图 1.4-1。

可调托撑的螺杆与支架托板焊接应牢固，焊缝高度不得小于6mm

可调托撑螺杆外径不得小于36mm

螺母厚度不得小于30mm

支托板厚不应小于5mm

图 1.4-1　可调托撑螺杆实例

1.4.2 模架搭设施工质量控制要点

1. 模板搭设前"三有"

搭设前有交底，搭设中有检查，搭设完毕后有验收。交底要细，检查要勤，验收要严。履行程序时必须要有签字手续，见图1.4-2。

2. 楼板及梁模板起拱要求

楼板及梁模板跨度大于等于4m要按设计起拱；设计无要求时，按跨度1/1000～3/1000起拱。自由端控制要点，见图1.4-3～图1.4-5、表1.4-1。

三有：搭设前编制人员或项目技术负责人有交底，参与人员签字。搭设中有检查，搭设完毕后有验收，验收合格项目技术负责人、总监理工程师签字确认

图 1.4-2 现场技术交底

扣件距离立杆端部不得少于100mm

插入立杆内的长度不得小于150mm

螺杆伸出长度不超过200mm

要契紧

图 1.4-3 自由端控制要点

自由端伸出过长应加设水平杆

图 1.4-4 自由端实例

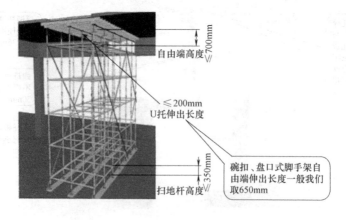

自由端高度 ≤700mm

≤200mm U托伸出长度

扫地杆高度 350mm

碗扣、盘口式脚手架自由端伸出长度一般我们取650mm

图 1.4-5 碗扣脚手架支撑设置示意图

	自由高度对比表	表 1.4-1
搭设形式	自由端高度(含 U 托)	U 托伸出长度
碗扣脚手架	≤700mm	≤200mm
扣件脚手架	≤500mm	≤200mm
盘扣脚手架	≤680mm	≤200mm

1.4.3　多层模板支撑施工控制要点

上下两层立杆在一个支点上并设置垫板和底座,保证荷载传递一致,见图 1.4-6。

上下两层立杆在一个支点上并设置垫板和底座,保证荷载传递一致

图 1.4-6　多层模板支撑实图

1.4.4　模板支架稳定体系与非稳定体系

(1) 模板支架稳定体系中,剪刀撑水平杆配备齐全有效,见图 1.4-7。

(2) 模板支架非稳定体系为缺少斜撑、水平横向支撑、纵横向扫地杆、立杆间距过大造成失稳的体系,见图 1.4-8。

剪力撑水平杆配备齐全有效

图 1.4-7　模板支架稳定体系

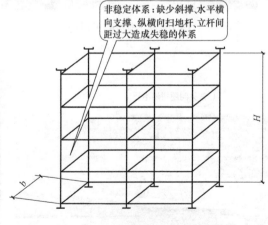

非稳定体系:缺少斜撑、水平横向支撑、纵横向扫地杆、立杆间距过大造成失稳的体系

图 1.4-8　模板非稳定体系

1.4.5　模板搭设尺寸偏差

模板塔设尺寸偏差详见表 1.4-2。

模板搭设尺寸偏差 表 1.4-2

项　　目		允许偏差(mm)
轴线位置		5
底模上表面标高		±5
截面内部尺寸	基础	±10
	柱、墙、梁	+4，−5
层高垂直度	不大于5m	6
	大于5m	8
相邻两板表面高低差		2
表面平整度		5

1.4.6　模板施工场容场貌

为提高在建项目标准化、规范化水平和提升企业产品品质和展示企业形象，减少实际施工过工程中很多返工浪费现象，有利于降低施工成本，见图1.4-9。

图 1.4-9　模板施工现场

1.4.7　楼板模板施工质量控制

模板质量检查与验收：模板的拼缝不严应进行封堵，见图1.4-10、图1.4-11。木模板应浇水润湿，但模板内不应有积水。模板与混凝土接触面应清理干净。脱模剂不得污染钢筋或混凝土接茬部位。混凝土浇筑前对模板进行验收主要检查立杆间距、扫地杆、水平杆、垫块、自由端伸出长度、次龙骨间距，见图1.4-12～图1.4-18。

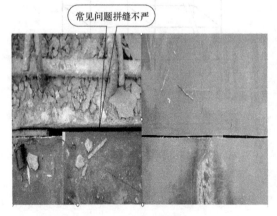

图 1.4-10　模板拼缝不严

图 1.4-11　模板缝隙封堵

次龙骨间距不均匀，未到边到角，间距一般不大于250mm

图 1.4-12　次龙骨间距设置不均匀

第一根立杆距柱、梁墙距离300mm

图 1.4-13　楼板模板支撑效果图

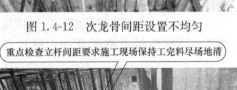

重点检查立杆间距要求施工现场保持工完料尽场地清

图 1.4-14　立杆间距实例

扫地杆、水平杆、底座，第一步水平杆距地350mm

图 1.4-15　扫地杆、水平杆、底座设置

严格控制自由端长度，不超过650mm

图 1.4-16　自由端伸出长度设置

控制螺杆伸出长度不宜超过200mm及偏心距

图 1.4-17　螺杆伸出长度

1.4.8　墙、柱模板施工质量控制

模板轴线测放后，组织专人进行复核验线，合格后才能支模，支模前应弹好控制线，校正钢筋位置，焊接模板定位筋。墙柱边 150mm 范围抹平压光，保证平整度。墙柱根部应保证平整、顺直、控制好标高，墙、柱根的缝隙用砂浆进行封堵，见图1.4-18、图1.4-19。当柱宽≥600mm 时，柱模板采用不小于 $\phi14$ 的穿心螺杆紧固，螺杆垂直间距不大于

墙、柱支模前，必须先按照事先弹好的控制线校正钢筋位置，焊接模板定位筋

为防止模板下口漏浆，造成墙柱烂根，墙、柱根部模板应平整、顺直、光洁，标高准确

混凝土施工时墙柱边范围150mm抹平压光，注意控制平整度

图 1.4-18　墙、柱支模做法图

600mm，水平间距为 400mm，外套硬质 PVC 管，见图 1.4-20、图 1.4-21。模板支模应按照施工图纸进行配模，计算模板高度并进行试拼装，见图 1.1-22。层高较高的墙柱，加高部分或墙柱分两次支模时，要充分考虑模板上下接缝的平整度、严密性、牢固程度，至少保留 300mm 上下接茬防止漏浆，见图 1.4-23。保证柱模板垂直度应四面搭设斜撑并与相邻柱形成整体，见图 1.4-24。地锚提前预埋 ϕ20 钢筋，见图 1.4-25。模板安装完成后，对楼板平整度、墙柱模板平整度及垂直度进行复核，见图 1.4-26。

模板安装时设500mm控制线

模板安装前钢筋定位装置必须预备好

图 1.4-19　模板安装控制线实图

当柱宽≥600mm时，柱模板采用不小于ϕ14穿心螺杆紧固，螺杆垂直间距不大于600mm，水平间距为400mm，外套硬质PVC管

抱箍垂直间距一般不大于600mm，第一道抱箍距柱脚200mm

柱宽<600mm时，柱模板采用ϕ48钢管与扣件十字型抱箍紧固

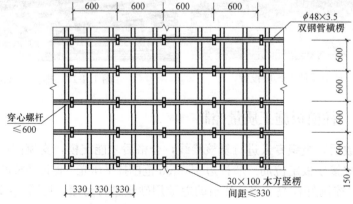

图 1.4-20　柱模板加固实例

图 1.4-21　墙柱加固示意图

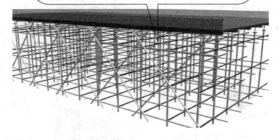

墙柱模板的高度,应比结构尺寸的净高度高30mm,即:模板高度=层高-顶板厚度+30mm,混凝土施工完后及时剔凿软弱层

图 1.4-22　墙柱模板高度效果图

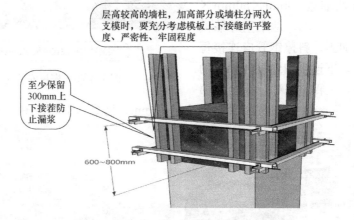

层高较高的墙柱,加高部分或墙柱分两次支模时,要充分考虑模板上下接缝的平整度、严密性、牢固程度

至少保留300mm上下接茬防止漏浆

600~800mm

图 1.4-23　层高较高的墙柱加固效果图

斜撑随意设置未能连成整体

斜撑少一道

图 1.4-24　缺少斜撑和随意设置实例

地锚需提前预埋φ20钢筋

图 1.4-25　地锚提前预埋实例

1.4.9 地下室外墙模板施工质量控制

地下室止水钢板搭接长度为100mm，采用双面满焊。焊接之前应进行试焊，电流过大容易烧伤或烧穿钢板，电流过小焊接不牢固。止水钢板两端弯折处应朝迎水面，见图1.4-27。地下室外墙和人防区域模板，采用一次性不小于$\phi14$的对拉止水螺栓紧固，对拉螺栓上80mm×80mm×4mm钢板止水片。防止沿螺杆形成渗水通道，对拉螺杆两端做50mm×50mm×10mm木塞，见图1.4-28。地下室外墙模板采用钢管斜撑加固，斜撑钢管应连接每到主龙骨水平杆，下连接扫地杆，斜撑的角度不应大于$45°$。第一道对拉螺栓与第二道间距不大于400mm，对拉螺栓直径不小于14mm，见图1.4-29、图1.4-30。

图 1.4-26　模板安装完成

图 1.4-27　止水钢板焊接实图

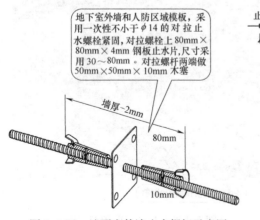

图 1.4-28　地下室外墙止水螺杆示意图

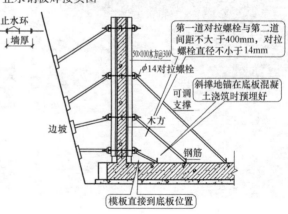

图 1.4-29　地下室外墙模板加固示意图

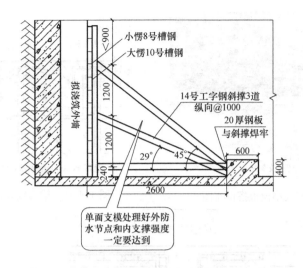

图 1.4-30　地下室外墙单面模板加固示意图

1.4.10　内墙模板施工质量控制

高度大于 3m 内墙模板，为了保证墙体的整体垂直度需采用钢管对称斜撑，斜撑间距 ≤2mm，距墙边≤50cm，楼面地锚提前预埋，见图 1.4-31、图 1.4-32。墙侧模板拼接，小块模板必须放置在中部拼接，不允许在顶部或中部拼接。模板对拉螺杆间距纵横两个方向都不大于 450mm，第一道螺杆距地不大于 200mm，最后一道螺杆距板底不大于 350mm；螺栓孔必须现在地上打孔，严禁上墙后打孔。

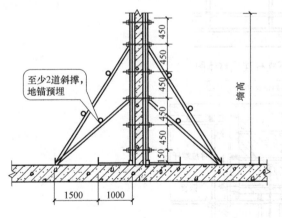

图 1.4-31　内墙模板安装示意图

图 1.4-32　模板安装实图

1.4.11　梁模板施工质量控制

梁高≥600 时设置对拉螺栓，小梁可随顶板搭设，梁底部、十字交叉部位设立杆支顶，梁下不立杆必须与周边立杆连接形成整体。梁高超过 1m 设置剪刀撑，见图 1.4-33～图 1.4-36。

小梁支架可以随板支架搭设

图 1.4-33　梁高较小模板搭设实图

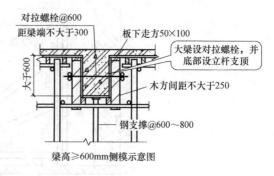

对拉螺栓@600
距梁端不大于300
板下走方50×100
大梁设对拉螺栓,并底部设立杆支顶
大于600
木方间距不大于250
钢支撑@600~800

梁高≥600mm侧模示意图

图 1.4-34　梁高较大设置对拉螺栓图

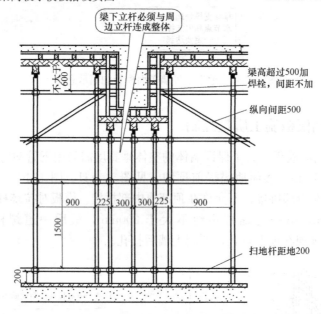

梁下立杆必须与周边立杆连成整体
不大于600
梁高超过500加焊栓,间距不加
纵向间距500
900　225 300 300 225　900
1500
扫地杆距地200
200

图 1.4-35　梁下立杆连成整体图

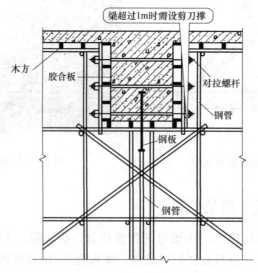

梁超过1m时需设剪刀撑
木方
胶合板
对拉螺杆
钢管
钢板
钢管

图 1.4-36　梁超 1m 设置剪刀撑

1.4.12　楼板后浇带模板支撑体系施工质量控制

楼板模板支撑与后浇带支撑分开设置，后浇带应保持独立支撑，见图 1.4-37。板后浇带安装模板时，模板宽度比原结构宽出 300mm，见图 1.4-38。后浇筑混凝土强度达到 100%后方可拆除，对后浇带模板没有设置独立支撑的部位，根据《混凝土结构工程施工质量验收规范》GB 50204—2015 4.3.3 条和 7.4.6 条相关规定，在后浇带模板拆除时及时回顶。后浇带梁处必须采用井字架回顶，见图 1.4-39。

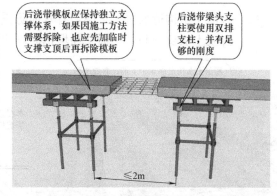

图 1.4-37　后浇带独立支撑示意图

图 1.4-38　后浇带独立支撑实图

图 1.4-39　后浇带回顶实图

1.4.13　楼板后浇带模板施工质量控制

采用锯齿形模板，钢筋焊接斜支撑进行加固，外包密目钢丝网防止两侧混凝土流入后浇带内，见图 1.4-40、图 1.4-41。

图 1.4-40　后浇带支模

图 1.4-41　后浇带支模

1.4.14 地下室外墙后浇带模板施工质量控制

（1）超前止水构造缩短了工期，有效地防止了基础外明水进入地下室，见图1.4-42。

（2）混凝土板要预制，一面要预埋钢筋以便安装时焊接，见图1.4-43。

图1.4-42 超前止水后浇带实图　　　　图1.4-43 地下室墙体后浇带

1.4.15 电梯井、集水坑模板施工质量控制

电梯井及集水坑模板多采用模板整拼，可在外场整拼好，由塔吊直接调入坑内，模板后12～15mm，水平背楞用木方，竖向采用钢管；支撑体系试坑大小用钢管或木方；底模设置沙袋或利用现场整捆模板做防止电梯井模板上浮；沙袋多少按坑大小1.3～1.5倍配置，见图1.4-44。

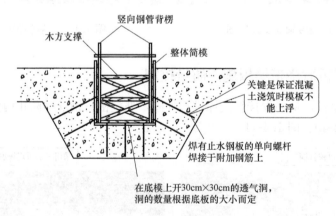

图1.4-44 电梯井模板加固

1.4.16 门窗洞口模板施工质量控制

钢筋绑扎完成后，根据门洞口位置焊接定位钢筋，门洞口两侧阴角采用预制阴角连接件加固，门洞两侧设横撑，横撑采用钢管＋顶托横撑。第一道横撑离地不大于250mm，以后每隔600～800mm一道，最上一道距梁底不大于250mm，见图1.4-45。窗洞口在阴角处设置连接件加固，通过螺杆锁紧洞口内设置横撑，拼缝处粘贴海绵条，见图1.4-46。

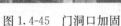
图 1.4-45　门洞口加固

图 1.4-46　窗洞口加固

1.4.17　楼梯模板施工质量控制

楼梯选用定型模（适用于高层）或现场拼装木模，见图 1.4-47、图 1.4-48。上口应固定牢固禁止踩踏，模板侧面应垂直，固定踏步立板的斜方向的方木应具有一定的刚度并采用两道方木，见图 1.4-49～图 1.4-51。

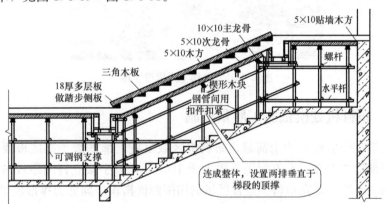
图 1.4-47　楼梯支撑示意图

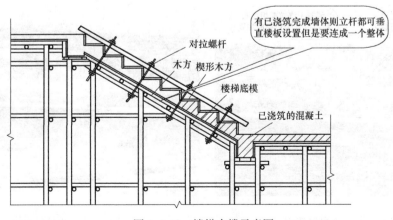
图 1.4-48　楼梯支撑示意图

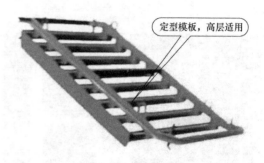

图 1.4-49　楼梯传统支模实图　　　　　　　图 1.4-50　楼梯定型模

图 1.4-51　楼梯支撑搭设实图

1.4.18　布料机处模板施工质量控制

混凝土浇筑时产生较大冲击荷载，布料机区域模板下部的脚手架底板要垫 50mm 木板，脚手架顶部增加木方，木方间距不得大于 100mm，脚手架立杆间距较常规加密，间距缩小为原来的一半，并在布料机放置区域的周围四面搭设竖向剪刀撑形成整体性，以免造成坍塌事故，见图 1.4-52、图 1.4-53。

图 1.4-52　布料机加固　　　　　　　　　图 1.4-53　布料机坍塌

1.4.19　细部模板施工质量控制

（1）柱头定型模板保证成型效果，见图 1.4-54。

（2）预留洞模板支设方式提前进行设计，见图 1.4-55。

图 1.4-54　柱头定型模板　　　　　　　图 1.4-55　预留洞模板支设

1.4.20　模板拆除施工质量控制

模板拆除一般先支的后拆，后支的先拆；先拆非承重，后拆承重部位。拆模前应达到混凝土的拆模强度要求，见表 1.4-3。自上而下进行；先拆侧向支撑，后拆竖向支撑，见图 1.4-56。拆除模板时严禁用铁锤或铁棍乱砸，拆除后模板应及时清理干净，对有损坏的模板及时清理，遇大于 6 级大风应停止拆模，拆除的模板及周转材料应放在指定区域码放整齐，见图 1.4-57、图 1.4-58。

模板拆除时所需混凝土强度　　　　　　　　　　　　　　表 1.4-3

结构类型	结构跨度（m）	按设计的混凝土强度标准值的百分率计（%）
板	≤2	50
	>2，≤8	75
	>8	100
梁、拱、壳	≤8	75
	>8	100
悬臂构件	≤2	75
	>2	100

按同条件养护试块强度确定

模板拆除顺序与立模顺序相反，即后支的先拆，先支的后拆；先拆不承重的模板，后拆承重部分的模板

自上而下进行；先拆侧向支撑，后拆竖向支撑

图 1.4-56　模板拆除

拆除后周转料码放整齐

模板支架材料码放整齐

图 1.4-57　周转材料码放　　　　　图 1.4-58　模板支架材料码放

1.5　模板构造与安装

1.5.1　一般规定

（1）模板施工技术交底：

应进行全面的安全技术交底。立柱间距成倍数关系，见图 1.5-1。对水平杆定尺的门架、碗扣架和盘扣架，其支架立杆间距能做到纵横向相等或成倍数，满足强制条文要求，见图 1.5-2。对面广量大的扣件钢管排架，其支架立杆间距要满足强制条文有难度，通常与柱网尺寸有关，改为"宜纵横向相等或成倍数"，见图 1.5-3。

（2）采用爬模、飞模、隧道模等特殊模板施工时，所有参加作业人员必须经过专门技术培训，考核合格后方可上岗。

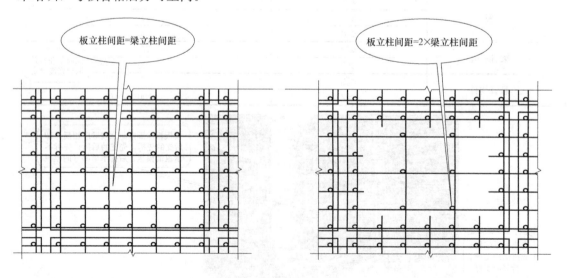

板立柱间距=梁立柱间距

板立柱间距=2×梁立柱间距

图 1.5-1　板立柱间距示意图

对水平杆定尺的门架、碗扣架和盘扣架，其支架立杆间距能做到纵横向相等或成倍数，满足强制性条文要求

对面广量大的扣件钢管排架，其支架立杆间距要满足强制性条文有难度，通常与柱网尺寸有关，改为"宜纵横向相等或成倍数"

图 1.5-2　立柱间距纵横相等或成倍数设置　　　　图 1.5-3　立柱间距纵横相等或成倍数设置

（3）木杆、钢管、门架及碗扣式等支架立柱不得混用。

（4）竖向模板和支架立柱支承部分安装在基土上时，应加设垫板，见图 1.5-4。对碗扣架和盘扣架，其支架立杆底部一般设置可调底座，底部有钢板，见图 1.5-5。对门架立柱，虽也可放置可调底座，一般直接放置在混凝土楼面上，见图 1.5-6～图 1.5-8。

立柱加设垫板，垫板长度一般不小于200mm

对碗扣架和盘扣架，其支架立杆底部一般设置可调底座，底部有钢板

图 1.5-4　立柱加设垫板　　　　　　　图 1.5-5　碗扣架和盘扣架设置底座

（5）现浇钢筋混凝土梁、板起拱：现浇钢筋混凝土梁、板，当跨度大于 4m 时，模板应起拱；当设计无具体要求时，起拱高度宜为全跨长度的 1/1000～3/1000。

（6）下层楼板应具有承受上层施工荷载的承载能力，否则应加设支撑支架；上层支架立柱应对准下层支架立柱，并应在立柱底铺设垫板，见图 1.5-9。

对门架立柱，虽也可放置可调底座，一般直接放置在混凝土楼面上

图 1.5-6　门架立柱支架放置在混凝土楼面上

可调托座和可调底座主要应用在门架、碗扣架和盘扣架，长度为600mm，插入架管后门架外漏不超过150mm，碗扣架外漏不超过200mm

图 1.5-7　可调托座和可调底座

楔紧间隙

外漏长度一般不大于200mm

图 1.5-8　可调托座外露长度

上下层立柱对准

图 1.5-9　上下层立柱对准

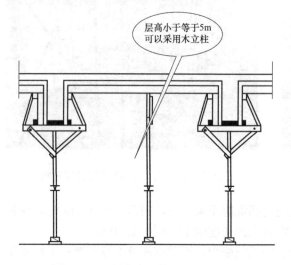

层高小于等于5m可以采用木立柱

图 1.5-10　层高小于等于5m采用立柱

（7）当层间高度大于5m时支撑选择：当层间高度大于5m时，应选用桁架支模或钢管立柱支模。当层间高度小于或等于5m时，可采用木立柱支模，见图 1.5-10。

（8）钢管立柱底部应设垫木和底座，顶部应设可调支托，U型支托与楞梁两侧间如有间隙，必须楔紧，其螺杆伸出钢管顶部不得大于200mm，螺杆外径与立柱钢管内径的间隙不得大于3mm，安装时应保证上下同心，见图 1.5-11～图 1.5-15。

钢管立柱底部设垫木

图 1.5-11　钢管立柱底部设置垫木

螺杆与立柱不得偏心

螺杆外径与立柱钢管内径的间隙不得大于3mm

U型支托伸出钢管顶部不得大于200mm

图 1.5-12　U 型支托使用实图

钢管立柱底座

图 1.5-13　钢管立柱底座实图

可调底托

图 1.5-14　可调底托

安装时应保证上下同心

图 1.5-15　安装时保证上下同心

（9）当模板安装高度超过 3.0m 时，必须搭设脚手架，除操作人员外，脚手架下不得站其他人。

（10）扫地杆设置要求：在立柱底距地面200mm高处，沿纵横水平方向应按纵下横上的程序设扫地杆，见图1.5-16。可调支托底部的立柱顶端应沿纵横向设置一道水平拉杆，见图1.5-17。支撑梁、板的支架立柱安装，当层高在8～20m时，在最顶步距两水平拉杆中间应加设一道水平拉杆，见图1.5-18。当层高大于20m时，在最顶两步距水平拉杆中间应分别增加一道水平拉杆，见图1.5-19～图1.5-21。所有水平拉杆的端部均应与四周建筑物顶紧顶牢。无处可顶时，应于水平拉杆端部和中部沿竖向设置连续式剪刀撑。

图1.5-16　碗扣架不能做到200mm设置扫地杆　　图1.5-17　可调支托顶端设置纵横向设置水平杆

图1.5-18　碗扣架顶端水平杆设置

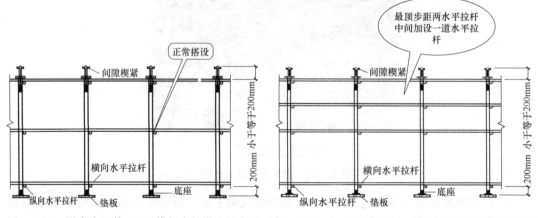

图1.5-19　层高小于等于8m模板支架搭设示意图　图1.5-20　8m≤层高≤20m模板支架顶端搭设示意图

（11）吊运作业注意事项：吊运模板时应检查绳索、卡具、模板上的吊环，必须完整有效，在升降过程中应设专人指挥，统一信号，密切配合，见图 1.5-22。

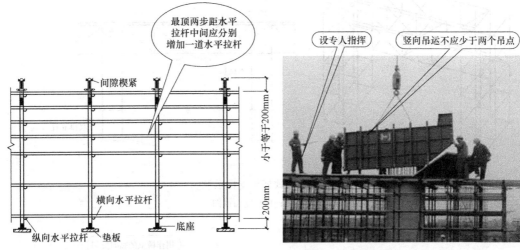

图 1.5-21　层高大于 20m 模板支架顶端搭设示意图　　　图 1.5-22　现场吊运

（12）吊运大块或整体模板时，竖向吊运不应少于两个吊点，水平吊运不应少于四个吊点，见图 1.5-23。

（13）禁止吊运模板作业条件：5 级风及其以上应停止一切吊运作业。

图 1.5-23　水平吊运不应少于四个吊点

1.5.2　支架立柱安装构造

（1）伸缩式桁架搭接要求：采用伸缩式桁架时，其搭接长度不得小于 500mm，上下弦连接销钉规格、数量应按设计规定，并应采用不少于两个 U 型卡或钢销钉销紧，两 U 型卡距或销距不得小于 400mm，见图 1.5-24、图 1.5-25。用作桥梁的临时支架，见图 1.5-26。

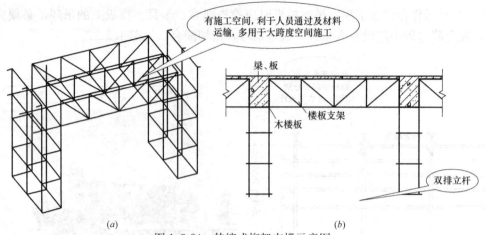

图 1.5-24　伸缩式桁架支撑示意图
(a) 三维视图；(b) 立面视图

图 1.5-25　伸缩节

图 1.5-26　用作桥梁的临时支架

（2）工具式立柱支撑立柱不得接长使用。

（3）木立柱选料：木立柱宜选用整料，当不能满足要求时，立柱的接头不宜超过1个，并应采用对接夹板接头方式。立柱底部可采用垫块垫高，但不得采用单码砖垫高，垫高高度不得超过300mm，见图1.5-27、图1.5-28。

图 1.5-27　工具式支撑

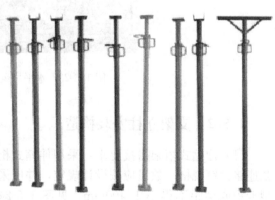

图 1.5-28　工具式支撑

（4）当仅为单排木立柱时，应于单排立柱的两边每隔 3m 加设斜支撑，且每边不得少于两根，斜支撑与地面的夹角应为 60°。

（5）扣件式钢管做立柱时钢管规格、间距、扣件应符合设计要求。每根立柱底部应设置底座及垫板，垫板厚度不得小于 50mm。

（6）扣件式钢管做立柱时当立柱底部不在同一高度时，高处的纵向扫地杆应向低处延长不少于两跨，高低差不得大于 1m，立柱距边坡上方边缘不得小于 0.5m，见图 1.5-29。

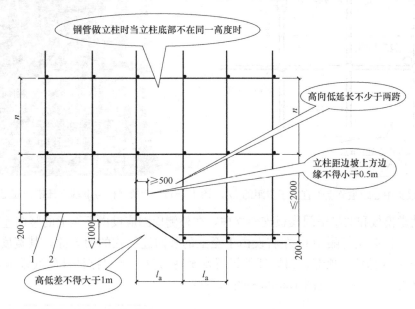

图 1.5-29　扣件式钢管存在搭设示意图

（7）扣件式钢管做立柱时立柱接长严禁搭接，必须采用对接扣件连接，见图 1.5-30、图 1.5-31。相邻两立柱的对接接头不得在同步内，且对接接头沿竖向错开的距离不宜小于 500mm，各接头中心距主节点不宜大于步距的 1/3，见图 1.5-32。

图 1.5-30　剪刀撑采用搭接

图 1.5-31　扣件钢管立柱严禁搭接

（8）扣件式钢管做立柱注意事项：严禁将上段的钢管立柱与下段钢管立柱错开固定于水平拉杆上，见图1.5-33、图1.5-34。

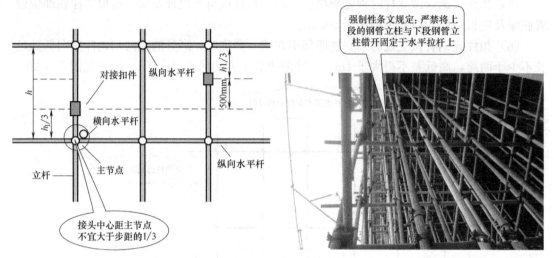

图1.5-32　接头中心距主节点不宜大于步距的1/3　　图1.5-33　严禁立杆与下端立杆错开固定在水平杆上

（9）满堂模板和共享空间模板支架立柱，在外侧周圈应设由下至上的竖向连续式剪刀撑；中间在纵横向应每隔10m左右设由下至上的竖向连续式的剪刀撑，其宽度宜为4～6m，并在剪刀撑部位的顶部、扫地杆处设置水平剪刀撑。剪刀撑杆件的底端应与地面顶紧，夹角宜为45°～60°，见图1.5-35～图1.5-37。

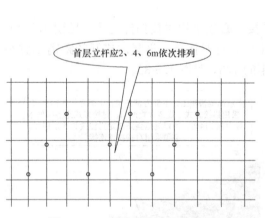

图1.5-34　首层立杆排列示意图　　　　　　　图1.5-35　剪刀连续撑设置

当建筑层高在8～20m时，除应满足上述规定外，还应在纵横向相邻的两竖向连续式剪刀撑之间增加之字斜撑，在有水平剪刀撑的部位，应在每个剪刀撑中间处增加一道水平剪刀撑，见图1.5-38。当建筑层高超过20m时，在满足以上规定的基础上，应将所有之字斜撑全部改为连续式剪刀撑，见图1.5-39、图1.5-40。

（10）碗扣式钢管脚手架搭设：当采用碗扣式钢管脚手架作立柱支撑时，立杆应采用长1.8m和3.0m的立杆错开布置，严禁将接头布置在同一水平高度。

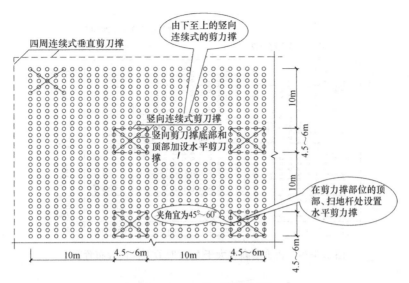

图 1.5-36　剪刀撑布置图

图 1.5-37　水平剪刀撑设置

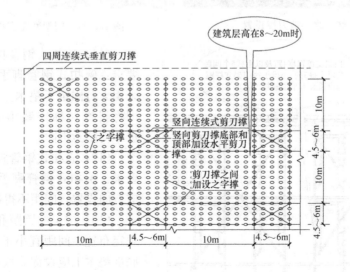

图 1.5-38　建筑层高在 8～20m 时剪刀撑设置布置图

41

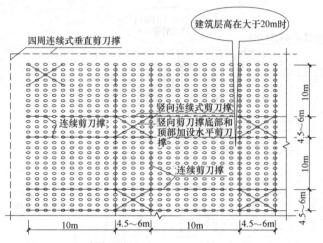

图 1.5-39　建筑层高在大于 20m 时剪刀撑设置布置图

图 1.5-40　之字剪刀撑设置

图 1.5-41　门架间距宜小于 1.2m

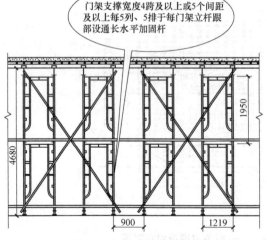

图 1.5-42　门架支撑示意图

（11）碗扣式钢管脚手架垫板设置要求：碗扣式钢管脚手架立杆底座应采用大钉固定于垫木上。立杆立一层，即将斜撑对称安装牢固，不得漏加，也不得随意拆除。

（12）碗扣式钢管脚手架间距设置要求：碗扣式钢管脚手架横向水平杆应双向设置，间距不得超过 1.8m。

（13）门架的跨距和间距应按设计规定布置，间距宜小于 1.2m；支撑架底部垫木上应设固定底座或可调底座，见图 1.5-41。

（14）门架支撑设置要求：当门架

支撑宽度为 4 跨及以上或 5 个间距及以上时，应在周边底层、顶层、中间每 5 列、5 排于每门架立杆跟部设 ϕ48mm×3.5mm 通长水平加固杆，并应采用扣件与门架立杆扣牢，见图 1.5-42。

1.5.3　普通模板安装构造

（1）现场拼装柱模时，应适时地按设临时支撑进行固定，斜撑与地面的倾角宜为 60°，严禁将大片模板系于柱子钢筋上。

（2）安装柱箍：待四片柱模就位组拼经对角线校正无误后，应立即自下而上安装柱箍。

（3）柱模校正：（用四根斜支撑或用连接在柱模顶四角带花篮螺丝的揽风绳，底端与楼板钢筋拉环固定进行校正）后，应采用斜撑或水平撑进行四周支撑，以确保整体稳定。当高度超过 4m 时，应群体或成列同时支模，并应将支撑连成一体，形成整体框架体系。当需单根支模时，柱宽大于 500mm 应每边在同一标高上设不得少于两根斜撑或水平撑。斜撑与地面的夹角宜为 45°～60°，下端尚应有防滑移的措施，见图 1.5-43、图 1.5-44。

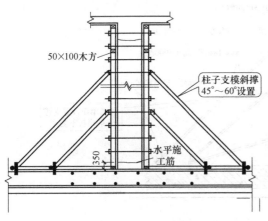

图 1.5-43　柱斜撑设置　　　　　图 1.5-44　柱宽大于 500mm 斜撑设置

（4）墙模板内外支撑必须坚固、可靠，应确保模板的整体稳定。当墙模板外面无法设置支撑时，应于里面设置能承受拉和压的支撑。多排并列且间距不大的墙模板，当其支撑互成一体时，应有防止灌筑混凝土时引起临近模板变形的措施，见图 1.5-45、图 1.5-46。

（5）对拉螺栓与墙模板应垂直，松紧应一致，墙厚尺寸应正确。

（6）安装圈梁、阳台、雨篷及挑檐等模板时，其支撑应独立设置，不得支搭在施工脚手架上。

（7）安装悬挑结构模板时，应搭设脚手架或悬挑工作台，并应设置防护栏杆和安全网。作业处的下方不得有人通行或停留。

（8）烟囱、水塔及其他高大构筑物的模板，应编制专项施工设计和安全技术措施，并应详细地向操作人员进行交底后方可安装，见图 1.5-47。

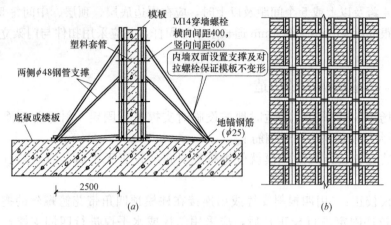

图 1.5-45　内墙双面设置支撑

(a) 内墙木模板支撑大样；(b) 内墙木模板拼装大样

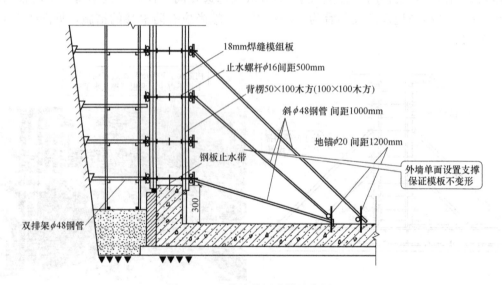

图 1.5-46　外墙单面支撑示意图

图 1.5-47　阳台、雨篷及挑檐支撑独立设置

1.6　模板拆除及安全管理

（1）安全管理措施要点：加强专项施工方案编制，编制人员具有较强的理论基础及施工经验，方案需满足规范要求并符合工程实际。高大支撑体系需经技术、安全、质量等部门会审，并按要求组织有关专家论证。加强模板工程支撑体系的基础处理、搭设材料验收、杆件间距检查、安全防护设施等验收控制。严格控制混凝土浇筑顺序，并加强浇筑时的支撑监测工作。

（2）从事模板作业的人员，应经常组织安全技术培训。从事高处作业人员，应定期体检，不符合要求的不得从事高处作业，操作人员应佩戴安全帽、系安全带、穿防滑鞋。

（3）满堂模板安装：满堂模板、建筑层高 8m 及以上和梁跨大于或等于 15m 的模板，在安装、拆除作业前，工程技术人员应以书面形式向作业班组进行施工操作的安全技术交底。

（4）施工过程中应经常对下列项目进行检查：立柱底部基土回填夯实的状况。垫木应满足设计要求。底座位置应正确，顶托螺杆伸出长度应符合规定。立杆的规格尺寸和垂直度应符合要求，不得出现偏心荷载。扫地杆、水平拉杆、剪刀撑等的设置应符合规定，固定应可靠。安全网和各种安全设施应符合要求。

（5）脚手架或操作平台上临时堆放的模板不宜超过 3 层，连接件应放在箱盒或工具袋中，不得散放在脚手板上。

（6）扣件抽检：对负荷面积大和高 4m 以上的支架立柱采用扣件式钢管、门式和碗扣式钢管脚手架时，除应有合格证外，对所用扣件应用扭矩扳手进行抽检。

（7）施工临时用电：施工用的临时照明和行灯的电压不得超过 36V；若为满堂模板、钢支架及特别潮湿的环境时，不得超过 12V。

1.7　模板施工常见质量问题

1.7.1　模架材料必须验收合格

（1）模板材料要求：模板材料应有出厂合格证，木质胶板最小厚度为 16mm，竹质胶合板最小厚度为 12mm。

（2）模板工程周转材料进场验收中使用的有关周转材料必须严格按照有关制度进行检查、验收，不合格材料严禁在工程中使用。

1.7.2　模架施工技术交底

模架施工前必须有方案有交底，交底要细致。

（1）模板安装时，墙或柱底应清理干净，根据控制线位置，调整垂直度，模板拼装前应逐块清除混凝土残渣、泥浆，并涂刷脱模剂。脱模剂严禁使用油性脱模剂，应使用水性脱模剂。

（2）墙柱模板安装：墙柱阴角采用木方收口，竖楞伸至方木底。安装外墙模板时，上层模板应伸入下层墙体，下层墙体相应位置预留钢筋限位，防止错台或跑模。墙柱模板下口提前一天用砂浆封堵，保证强度。墙柱缝隙用双面胶封堵。

1.7.3 模架施工完必须有验收

（1）模板工程施工方案：模板工程施工前，应向监理工程师提交配模设计方案，经审批后方可施工，模板及其支架必须具有足够的强度、刚度和稳定性。

（2）模板工程验收：在混凝土浇筑前应对模板工程进行验收重点检查模板支撑、立杆、水平杆间距扫地杆设置及模板几何尺寸、标高、垂直度、平整度、拼缝等进行检查。

1.7.4 模板拆除技术交底

（1）模架拆除前也必须有交底

（2）拆模申请：拆模之前必须有拆模申请，并根据同条件养护试块强度达到规范时，方可拆除。

（3）拆模的顺序和方法，应按照模板支撑计算书的规定进行，拆除的模板必须随拆随清理，不能采取猛敲，以致大面积塌落的方法拆除，模板及支撑不得随意向地面抛掷，应向下运送传递。材料码放区应放置灭火器。

第 2 章　模板支架的基本受力形式及受力分析

2.1　模板支架的基本受力形式

2.1.1　轴心受压与偏心受压（见图 2.1-1、图 2.1-2）

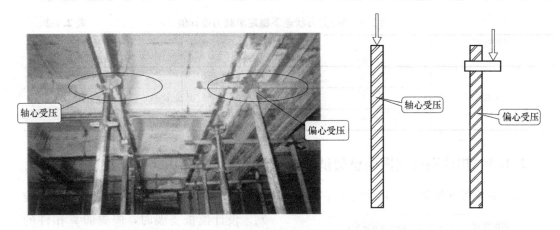

图 2.1-1　扣件钢管模板支架的两种受力基本形式　　　　图 2.1-2　两种受力基本形式的示意图

2.1.2　扣件钢管支模架整架受力试验（见图 2.1-3、图 2.1-4、表 2.1-1、表 2.1-2）

图 2.1-3　扣件钢管模板支架试验

图 2.1-4　用传感器在钢管底下测力

用钢管扣件搭设梁模板支架的加载试验，底模下水平钢管与立杆扣接，立杆偏心受压，如图 2.1-5 所示。扣件钢管立柱的轴心受压与偏心受压，两者承载力相差大。

扣件钢管轴心受力状态下稳定承载力设计值　　　　　　表 2.1-1

钢管壁厚 （mm）	步高 h(m)	长细比 λ	承载力设计值 （kN）
3.5 $A＝489mm^2$	1.8	114	49.0
	1.7	108	53.1
	1.6	101	58.1
	1.5	95	62.8
3.0 $A＝424mm^2$	1.8	113	43.1
	1.7	107	46.7
	1.6	101	50.4
	1.5	94	55.1

扣件钢管偏心受力状态下稳定承载力设计值　　　　　　表 2.1-2

钢管壁厚 （mm）	步高 h(m)	偏心距 （mm）	承载力设计值 （kN）
3.5	1.8	53	13.3
	1.7	53	13.5
	1.6	53	13.8

2.1.3 扣件钢管支模架整架试验结论

（1）对模板支架而言，其承载力往往由扣件的抗滑承载力控制，而非由稳定承载力控制。设计模板支架时，应先验算扣件的抗滑承载力是否满足要求，其次复核稳定性是否满足要求。

用钢管扣件搭设梁模板支架的加载试验，底模下水平钢管与立杆扣接，立杆偏心受压

（2）在扭力矩测试时，旧扣件的单扣件横杆在 10.2～11kN 时发生扣件滑移；双扣件横杆在 17.5～19.3kN 时发生扣件滑移。所以，单扣件抗滑设计承载力取 8kN，双扣件抗滑设计承载力取 12kN，是可行的。

（3）从试验结果知，设扫地杆与剪刀撑后，支架仍为扣件滑移破坏，其承载力提高不多，但值得注意的是，增设扫地杆和剪刀撑后，支架立杆的有效压力明显降低了，说明支架的整体性得到提高，支架各部分参与工作的程度加深了。本试验因条件限制未进行极限承载力试验，但根据外脚手架试验临界荷载试验，设扫地杆与剪刀撑后脚手架极限

图 2.1-5　偏心受压立杆

承载力提高较大。因此，钢管排架支撑设置必要的扫地杆及剪刀撑有利于提高支架的整体稳定性，防止在混凝土输送管的抖动下支架的整体失稳，增加安全储备。

（4）双扣件支模中间增设一道顶撑（立杆）时，如图 2.1-6 所示，扣件的滑移破坏首先发生在中间顶撑扣件处，说明立杆受力不均匀。说明目前施工单位习惯做法（梁下木楞顺梁轴线放置）使多排立杆受力不均匀，这也是很多支架倒塌事故的原因之一。本次试验中，中间立杆的压力值明显比另两排立杆大，其值约为 20%（即 1.2 倍）。当梁下立杆多于 2 排时应采取措施保证荷载均匀传递至立杆。设置多排立杆时应特别注意：梁下设置的立杆应相互拉结，形成整体，防止梁下立杆失稳引起整架坍塌。

图 2.1-6　双扣件支模的扣件滑移破坏位置

（5）单扣件下设扫地杆及剪刀撑与仅设扫地杆，承载力相同（在扣件发生滑移破坏时，两种工况下支架承受的荷载比）。但增设了剪刀撑后，在相同的支架荷载下，立杆压力降低了约 2.6%。

（6）双扣件下设扫地杆、剪刀撑及中间增设顶撑，拉结与未拉结梁下立杆荷载值对比，双扣件下设扫地杆、剪刀撑及中间增设顶撑，且拉结比顶撑未拉结情况承载力提高为 7.4%（在扣件发生滑移破坏时，两种工况下支架承受的荷载比）。但梁下立杆压力仅增大约 4.8%。

2.2　模板支架受力分析

2.2.1　《建筑施工扣件式钢管脚手架安全技术规范》对模板支架计算规定

（1）模板支架立杆轴向力设计值，见式 2.2-1、式 2.2-2。

不组合风荷载时：
$$N = 1.2\sum N_{GK} + 1.4\sum N_{QK} \tag{2.2-1}$$

组合风荷载时：
$$N = 1.2\sum N_{GK} + 0.85 \times 1.4\sum N_{QK} \tag{2.2-2}$$

式中　$\sum N_{GK}$——模板支架自重、新浇混凝土自重与钢筋自重标准值产生的轴向力总和；

　　　$\sum N_{QK}$——施工人员及施工设备荷载标准值、振捣混凝土时产生的荷载标准值产生的轴向力总和。

（2）模板支架立杆的计算长度 l_0，见式 2.2-3：

$$l_0 = h + 2a \tag{2.2-3}$$

式中　h——支架立杆的步距；

　　　a——模板支架立杆伸出顶层横向水平杆中心线至模板支撑点的长度，如图 2.2-1 所示。

图 2.2-1　a 值示意图

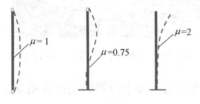

图 2.2-2　各约束条件下的计算
长度系数 μ 值

（3）对模板支架立杆的计算长度 $l_0 = h + 2a$ 的理解

为保证扣件式钢管模板支架的稳定性，规范中支架立杆的计算长度是借鉴英国标准《脚手架实施规范》BS 5975-82 的规定，即将立杆上部伸出段按悬臂考虑，这有利于限制施工现场任意增大伸出长度。若步高为 1.8m，伸出长度为 0.3m，则计算长度为 $l_0 = h + 2a = 1.8 + 0.6 = 2.4m$，其计算长度系数 $\mu = 2.4/1.8 = 1.333$，比目前通常取 $\mu = 1$ 的值提高 33.3%，对保证支架稳定有利。

2.2.2　扣件抗滑承载力的计算复核

施工单位应对进场的承重杆件作扣件抗滑试验（见图 2.2-3）：

图 2.2-3　进场的各承重杆件

图 2.2-4　单扣件抗滑试验

扣件钢管模板支架单扣件抗滑试验（标准拧紧力矩 40N·m），且底模下水平钢管与立杆常用单扣件扣接，见图 2.2-4。

单扣件抗滑试验表明：扣件滑动 1.1～1.2t 抗滑设计 0.8t。

双扣件抗滑试验如图 2.2-5 所示。

2.2.3　扣件钢管支模计算实例

预应力大梁 1000mm×2650mm，27m 跨，钢管排架间距 600mm×600mm，见图 2.2-6。

扣件钢管支架的双扣件抗滑试验用钢管扣件搭设模板支架，水平杆将荷载通过扣件传给立杆。步高在1.8m以内时，其承载力主要由扣件的抗滑力决定。双扣件抗滑试验表明：扣件滑动：2t 扣件抗滑设计：1.2t

图 2.2-5　双扣件抗滑试验

图 2.2-6　扣件钢管支模计算实例

（1）荷载计算

1）恒载：

① 混凝土：　　　　　　　$1 \times 2.65 \times 2.4 = 6.36 \text{t/m}$

② 钢筋：　　　　　　　　$1 \times 2.65 \times 0.25 = 0.66 \text{t/m}$

③ 模板　　　　　　$(1 + 2.51 + 2.51) \times 0.33 = 0.18 \text{t/m}$

故恒载总和 = 7.2t/m

2）活载：　　　　　　$(1 + 1 + 1) \times 0.25 = 0.75 \text{t/m}$

支撑设计荷载　　　　$1.2 \times 7.2 + 1.4 \times 0.75 = 9.69 \text{t/m}$

（2）按双扣件抗滑设计

梁下按每排 5 根钢管，横向间距 600mm，沿梁纵向钢管排架间距也为 600mm。

梁下每延米钢管排架的承载力（按抗滑复核）

$$5 \times 1.75 / 0.6 = 14.58 \text{t/m} > 9.69 \text{t/m}$$

（3）按规范给出的公式复核

每根排架立杆的承载力

$$N = 205 \times 0.412 \times 489 = 41301 \text{N} = 4.1 \text{t}$$

其中　　　　　　$l_0 = h + 2a = 1600 + 2 \times 200 = 2000$

$$\lambda = \frac{l_0}{i} = \frac{2000}{15.8} = 127$$

注：规范对模板支架给出的公式为将立杆顶步的步高作为计算长度的基准，当用可调托插入立杆顶时的受力状况与计算条件吻合，将立杆伸出段 a 按悬臂考虑，故 $l_0 = h + 2a$。

2.2.4　对扣件钢管高大支模架承载力计算的总结

（1）位于支架底部或顶部插入可调托的立杆可以按轴心受压杆稳定性计算，立杆伸出扫地杆下的长度和可调托伸出顶部水平杆的长度即为悬臂长度。在试验量尚不足的情况下，可以按 $l_0 = h + 2a$ 计算。可调托托板离顶层水平杆的长度应限定在 500mm 以内，a 值可参考图 2.2-7。

（2）当采用依靠支架顶部水平杆与立杆的扣接传力模式时，见图 2.2-8。在支架步高小于 1.8m 的条件下，模板支架已转化为由扣件抗滑力决定其承载力，因此，必须按扣件承载力规划支架尺寸和验算抗滑力。

图 2.2-7　a 值示意图

图 2.2-8　依靠支架顶部水平杆与立杆的扣接传力模式

（3）高大支模架的支撑对象多为大截面梁，一般支架的步高为 1.5～1.8m，常规的立杆纵距小于 0.8m，横距小于 0.6m。若钢管的截面为 $\phi48 \times 3.0$mm，架体高 10m，步高 1600mm，若根据浙江的规程试算，得出以下有意思的具有实用意义的两点结论：

1）大尺寸混凝土构件支模排架的立杆顶部采用水平钢管扣接立杆传力时，其承载力是由扣件抗滑力决定的。

2）大尺寸混凝土构件支模排架的立杆顶部采用插入可调托传力时，一般将可调托提供给工人使用时，他们往往会充分利用可调托的最大调节范围，因此，此种工况其承载力是由顶层步高及可调托伸出水平杆的长度决定的。因此，适当调小"一顶一底"的步高和限定可调托伸出长度是特别重要的。

2.3　《建筑施工扣件式钢管脚手架安全技术规范》JGJ 130—2011 相关内容

2.3.1　总则

（1）为在扣件式钢管脚手架设计与施工中贯彻执行国家安全生产的方针政策，确保施工人员安全，做到技术先进、经济合理、安全适用，制定本规范。

（2）本规范适用于房屋建筑工程和市政工程等施工用落地式单、双排扣件式钢管脚手架、满堂扣件式钢管脚手架、型钢悬挑扣件式钢管脚手架、满堂扣件式钢管支撑架的设计、施工及验收。

（3）扣件式钢管脚手架施工前，应按本规范的规定对其结构构件与立杆地基承载力进行设计计算，并应编制专项施工方案。

（4）扣件式钢管脚手架的设计、施工及验收，除应符合本规范的规定外，尚应符合国家现行有关标准的规定。

2.3.2　术语和符号

1. 支撑架（formwork support）

支撑架为钢结构安装或浇筑混凝土构件等搭设的承力支架（一般指有一定承载能力的支架），见图 2.3-2。

图 2.3-1　扣件式钢管脚手架　　　　　　　　　图 2.3-2　支撑架

2. 满堂扣件式钢管脚手架（fastener steel tube full hall scaffold）

满堂扣件式钢管脚手架是在纵、横方向，由不少于三排立杆并与水平杆、水平剪刀撑、竖向剪刀撑、扣件等构成的脚手架，见图 2.3-1。该架体顶部作业层施工荷载通过水平杆传递给立杆，顶部立杆呈偏心受压状态，简称满堂脚手架（一般指操作脚手架），见图 2.3-3。

3. 满堂扣件式钢管支撑架（fastener steel tube full hall formwork support）

满堂扣件式钢管支撑架是在纵、横方向，由不少于三排立杆并与水平杆、水平剪刀撑、竖向剪刀撑、扣件等构成的承力支架。该架体顶部的钢结构安装等（同类

图 2.3-3　满堂扣件式钢管脚手架

工程）施工荷载通过可调托撑轴心传力给立杆，顶部立杆呈轴心受压状态，简称满堂支撑架（一般用于大型构件吊装用的临时支撑架，模板工程的支架也适用）。

4. 扣件（coupler）

采用螺栓紧固的扣接连接件为扣件；包括直角扣件、旋转扣件、对接扣件，见图 2.3-4。

5. 防滑扣件（skid resistant coupler）

防滑扣件是根据抗滑要求增设的非连接用途扣件，见图 2.3-4。

对接扣件　　　　　　　　　　旋转扣件

直角扣件　　　　　　　　　　防滑扣件

图 2.3-4　扣件

6. 底座（base plate）

底座是设于立杆底部的垫座；包括固定底座、可调底座，见图 2.3-5。

7. 可调托撑（adjustable forkhead）

可调托撑插入立杆钢管顶部，可调节高度的顶撑，见图 2.3-6。

图 2.3-5　底座

图 2.3-6　可调托撑

8. 水平杆（horizontal tube）

水平杆是脚手架中的水平杆件，见图 2.3-7。沿脚手架纵向设置的水平杆为纵向水平杆；沿脚手架横向设置的水平杆为横向水平杆。

9. 扫地杆（bottom reinforcing tube）

扫地杆是贴近楼地面设置，连接立杆根部的纵、横向水平杆件；包括纵向扫地杆、横向扫地杆，见图 2.3-7。

10. 连墙件（杆）（tie member）

连墙件（杆）是将脚手架架体与建筑主体结构连接，能够传递拉力和压力的构件，见图 2.3-8。

11. 连墙件间距（spacing of tie member）

连墙件间距脚手架相邻连墙件之间的距离，包括连墙件竖距、连墙件横距。

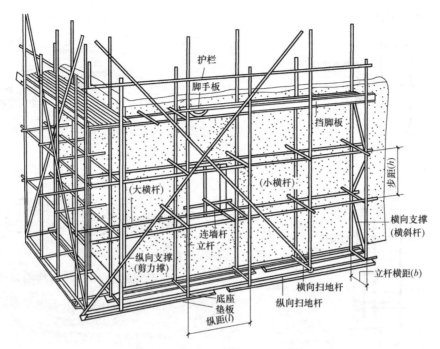

图 2.3-7　扣件式钢管脚手架各部件示意图

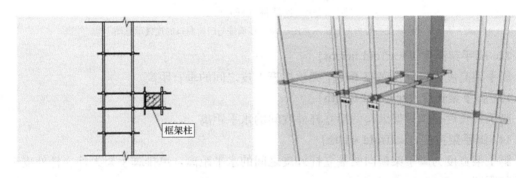

(a)

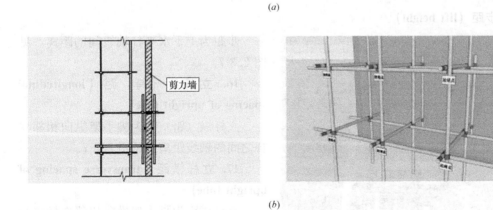

(b)

图 2.3-8　连墙件（杆）（一）

（a）连墙件与框架柱的连接示意图；（b）连墙件与剪力墙的连接示意图

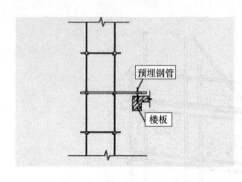

(c)

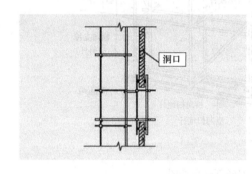

(d)

图 2.3-8　连墙件（杆）（二）

(c) 连墙件与楼板的连接示意图；(d) 连墙件与门窗洞口的连接示意图

12. 脚手架高度（scaffold height）

脚手架高度是自立杆底座下皮至架顶栏杆上皮之间的垂直距离。

13. 脚手架长度（scaffold length）

脚手架长度是脚手架纵向两端立杆外皮间的水平距离。

14. 脚手架宽度（scaffold width）

脚手架宽度为脚手架横向两端立杆外皮之间的水平距离，单排脚手架为外立杆外皮至墙面的距离。

15. 步距（lift height）

图 2.3-9　主节点

步距为上下水平杆轴线间的距离，见图 2.3-7。

16. 立杆纵（跨）距（longitudinal spacing of upright tube）

立杆纵（跨）距为脚手架纵向相邻立杆之间的轴线距离，见图 2.3-7。

17. 立杆横距（transverse spacing of upright tube）

立杆横距为脚手架横向相邻立杆之间的轴线距离，单排脚手架为外立杆轴线至墙面的距离，见图 2.3-7。

18. 主节点（main node）

主节点立杆、纵向水平杆、横向水平
杆三杆紧靠的扣接点，见图 2.3-9。

2.3.3　构配件

1. 钢管

（1）脚手架钢管应采用现行国家标准《直缝电焊钢管》GB/T 13793—2008 或《低压流体输送用焊接钢管》GB/T 3091—2008 中规定的 Q235 普通钢管，见图 2.3-10；钢管的钢材质量应符合现行国家标准《碳素结构钢》GB/T 700—2006 中 Q235 级钢的规定。

（2）脚手架钢管宜采用 ϕ48.3×3.6 钢管。每根钢管的最大质量不应大于 25.8kg（市场上有 ϕ48.3×2.7～ϕ48.3×3.0，可以根据实际使用的钢管规格进行验算，一定要保证使用规格与方案验算的规格一致）。

2. 扣件

（1）扣件应采用可锻铸铁或铸钢制，见图 2.3-11，其质量和性能应符合现行国家标准《钢管脚手架扣件》GB 15831—2006 的规定。采用其他材料制作的扣件，应经试验证明其质量符合该标准的规定后方可使用。

图 2.3-10　钢管

图 2.3-11　扣件

（2）扣件在螺栓拧紧扭力矩达到 65N·m 时，不得发生破坏《钢管脚手架扣件》GB 15831—2006 规定学扣件力学性能指标的破坏，见表 2.3-1。

扣件力学性能　　　　　　　　　　　　　　　　　表 2.3-1

性能名称	扣件型式	性 能 要 求
抗滑	直角	$P=7.0$kN 时，$\Delta_1\leqslant7.00$mm；$P=10.0$kN 时，$\Delta_2\leqslant0.50$mm
	旋转	$P=7.0$kN 时，$\Delta_1\leqslant7.00$mm；$P=10.0$kN 时，$\Delta_2\leqslant0.50$mm
抗破坏	直角	$P=25.0$kN 时，各部件不应破坏
	旋转	$P=17.0$kN 时，各部件不应破坏
扭转刚度	直角	扭力矩为 900N·m 时，$f\leqslant70.0$mm
抗拉	对接	$P=4.0$kN 时，$\Delta\leqslant2.00$mm
抗压	底座	$P=50.0$kN 时，各部件不应破坏

3. 脚手板

（1）木脚手板材质应符合现行国家标准《木结构设计规范》GB 50005—2003 中 II_a 级材质的规定。脚手板厚度不应小于 50mm，两端宜各设置直径不小于 4mm 的镀锌钢丝箍两道。

（2）竹脚手板宜采用由毛竹或楠竹制作的竹串片板、竹笆板，见图 2.3-12；竹串片脚手板应符合现行行业标准《建筑施工木脚手架安全技术规范》JGJ 164—2008 的相关规定。

图 2.3-12　脚手板

4. 可调托撑

（1）可调托撑螺杆外径不得小于 36mm，直径与螺距应符合现行国家标准《梯型螺纹 第 2 部分：直径与螺距系列》GB/T 5796.2—2005 和《梯型螺纹 第 3 部分：基本尺寸》GB/T 5796.3—2005 的规定。

（2）可调托撑的螺杆与支托板焊接应牢固，焊缝高度不得小于 6mm；可调托撑螺杆与螺母旋合长度不得少于 5 扣，螺母厚度不得小于 30mm。

（3）可调托撑抗压承载力设计值不应小于 40kN，支托板厚不应小于 5mm。（强制性条文）

2.3.4　荷载

1. 荷载分类

（1）作用于脚手架的荷载可分为永久荷载（恒荷载）与可变荷载（活荷载）。

（2）脚手架永久荷载应包含下列内容，见表 2.3-2。

脚手架永久荷载　　　　　　　　　　　　　　　　　　　　　　　　　表 2.3-2

脚手架类型	单排架、双排架与满堂脚手架	满堂支撑架
永久荷载	架体结构自重：包括立杆、纵向水平杆、横向水平杆、剪刀撑、扣件等的自重	架体结构自重：包括立杆、纵向水平杆、横向水平杆、剪刀撑、可调托撑、扣件等的自重
	构、配件自重：包括脚手板、栏杆、挡脚板、安全网等防护设施的自重	构、配件及可调托撑上主梁、次梁、支撑板等的自重

（3）脚手架可变荷载应包含下列内容，见表 2.3-3。

脚手架可变荷载　　　　　　　　　　　　　　　　　　表 2.3-3

脚手架类型	单排架、双排架与满堂脚手架	满堂支撑架
可变荷载	施工荷载:包括作业层上的人员、器具和材料等的自重	作业层上的人员、设备等的自重;结构构件、施工材料等的自重
	风荷载	风荷载

（4）用于混凝土结构施工的支撑架上的永久荷载与可变荷载，应符合现行行业标准《建筑施工模板安全技术规范》JGJ 162—2008 的规定（恒荷载包括：模板及其支架自重、新浇筑混凝土自重、钢筋自重；活荷载包括：施工人员及设备荷载、振捣混凝土时产生的荷载、倾倒混凝土时产生的荷载），见图 2.3-13。

2. 荷载标准值

（1）永久荷载标准值的取值应符合下列规定：

1）单、双排脚手架立杆承受的每米结构自重标准值，可按规范采用。

满堂脚手架立杆承受的每米结构自重标准值，宜按规范采用（注意：重量是按 $\phi48.3\times3.6$ 钢管计算所得，没有考虑外侧的栏杆和竹笆下的双托管，脚手架立杆承受的每米结构自重标准值是采用内、外立杆的平均值。故套用表格计算时应加上竹笆下的双托管并在外立杆上加栏杆、挡板重）；实际计算时可以按实际所用材料和搭设情况自行计算。

2）冲压钢脚手板（见图 2.3-14）、木脚手板、竹串片脚手板与竹笆脚手板自重标准值，宜按表 2.3-4 取用。

图 2.3-13　支撑架荷载示意图

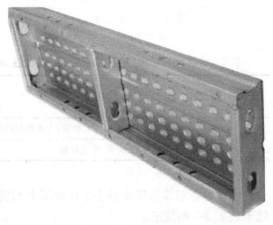

图 2.3-14　冲压钢脚手板

脚手板自重标准值　　　　　　　　　　　　　　　　　表 2.3-4

类　别	标准值（kN/m²）	类　别	标准值（kN/m²）
冲压钢脚手板	0.30	木脚手板	0.35
竹串片脚手架	0.35	竹笆脚手板	0.10

3）栏杆与挡脚板自重标准值，宜按表 2.3-5 采用。

栏杆、挡脚板自重标准值　　　　　　　　　　　　　　表 2.3-5

类　别	标准值（kN/m²）	类　别	标准值（kN/m²）
栏杆、冲压钢脚手板挡板	0.16	栏杆、木脚手板挡板	0.17
栏杆、竹串片脚手架挡板	0.17		

4）脚手架上吊挂的安全设施（见图 2.3-15）的自重标准值应按实际情况采用，密目式安全立网自重标准值不应低于 $0.01kN/m^2$（如果实际使用材料比规范的数值小，可以按实际用材进行计算）。

5）支撑架上可调托撑上主梁、次梁、支撑板（见图 2.3-16）等自重应按实际计算。对于下列情况可按表 2.3-6 采用：

① 普通木质主梁（含 $\phi48.3\times3.6$ 双钢管）、次梁、木支撑板；

② 型钢次梁自重不超过 10 号工字钢自重，型钢主梁自重不超过 $H100\times100\times6\times8$ 型钢自重，支撑板自重不超过木脚手板自重。

图 2.3-15 安全网

图 2.3-16 支撑架上可调托撑上主梁、
次梁、支撑板

支撑架上可调托撑上主梁、次梁、支撑板等自重　　　　　　　　　　表 2.3-6

类　别	立杆间距（m）	
	＞0.75×0.75	≤0.75×0.75
木质主梁(含 $\phi48.3\times3.6$ 双钢管)、次梁、木支撑板挡板	0.6	0.85
型钢主梁、次梁、木支撑板	1.0	1.2

注：建议按实际计算

（2）单、双排与满堂脚手架作业层上的施工荷载标准值应根据实际情况确定，且不应低于表 2.3-7 的规定。

施工均布荷载标准值　　　　　　　　　　表 2.3-7

类　别	标准值（kN/m²）	类　别	标准值（kN/m²）
装修脚手架	2.0	轻型钢结构及空间网格结构脚手架	2.0
混凝土、砌筑结构脚手架	3.0	普通钢结构脚手架	3.0

（3）当在双排脚手架上同时有 2 个及以上操作层作业时，在同一个跨距内各操作层的施工均布荷载标准值总和不得超过 $5.0kN/m^2$。（计算大横杆、小横杆时按表 2.3-7 取值，计算架体立杆稳定时，活荷载总和取 $5.0kN/m^2$。）

（4）满堂支撑架上荷载标准值取值应符合下列规定：

1）永久荷载与可变荷载（不含风荷载）标准值总和不大于 $4.2kN/m^2$ 时，施工均布荷载标准值应按表 2.3-7 采用。

2）永久荷载与可变荷载（不含风荷载）标准值总和大于 4.2kN/m² 时，应符合下列要求：

①作业层上的人员及设备荷载标准值取 1.0kN/m²；大型设备、结构构件等可变荷载按实际计算（指非承重支架）；

②用于混凝土结构施工时，作业层上荷载标准值的取值应符合现行行业标准《建筑施工模板安全技术规范》JGJ 162—2008 的规定。

（5）作用于脚手架上的水平风荷载标准值，应按下式计算：

$$W_K = \mu_Z \cdot \mu_S \cdot W_0 \quad （与 2001 版比少 0.7 系数） \tag{2.3-1}$$

式中：

W_K——风荷载标准值（kN/m²）；

μ_Z——风压高度变化系数，应按现行国家标准《建筑结构荷载规范》GB 50009—2012 规定采用；

μ_S——脚手架风荷载体型系数，应按本文表 2.3-10 的规定采用；

W_0——基本风压值（kN/m²），见表 2.3-8，应按国家标准《建筑结构荷载规范》GB 50009—2012 附表 D.4 的规定采用，取重现期 $n=10$ 对应的风压值。

基本风压值 W_0 表（以江苏为例） 表 2.3-8

省市名	城市名	海拔高度（m）	风压（kN/m²）			雪压（kN/m²）			雪荷载准永久值系数分区
			$n=10$	$n=50$	$n=100$	$n=10$	$n=50$	$n=100$	
江苏	无锡	6.7	0.30	0.45	0.50	0.30	0.40	0.45	Ⅲ
	泰州	6.6	0.25	0.40	0.45	0.25	0.35	0.40	Ⅲ
	连云港	3.7	0.35	0.55	0.65	0.25	0.40	0.45	Ⅱ
	盐城	3.6	0.25	0.45	0.55	0.20	0.35	0.40	Ⅲ
	高邮	5.4	0.25	0.40	0.45	0.20	0.35	0.40	Ⅲ
	东台市	4.3	0.25	0.40	0.45	0.20	0.30	0.35	Ⅲ
	南通市	5.3	0.30	0.45	0.50	0.15	0.25	0.30	Ⅲ
	启东县吕泗	5.5	0.35	0.50	0.55	0.10	0.20	0.25	Ⅲ
	常州市	4.9	0.25	0.40	0.45	0.20	0.35	0.40	Ⅲ

（6）《建筑结构荷载规范》GB 50009—2012 风压高度变化系数，对于平坦或稍有起伏的地形，风压高度变化系数应根据地面粗糙度类别按表 2.3-9 确定。地面粗糙度可分为A、B、C、D 四类：

1）A 类指近海海面和海岛、海岸、湖岸及沙漠地区；

2）B 类指田野、乡村、丛林、丘陵以及房屋比较稀疏的乡镇和城市郊区；

3）C 类指有密集建筑群的城市市区；

4）D 类指有密集建筑群且房屋较高的城市市区。

（7）脚手架的风荷载体型系数，应按表 2.3-10 的规定采用。

风压高度变化系数 μ_Z 表 2.3-9

离地面或海平面高度	地面粗糙度类别			
(m)	A	B	C	D
5	1.17	1.00	0.74	0.62
10	1.38	1.00	0.74	0.62
15	1.52	1.14	0.74	0.62
20	1.63	1.25	0.84	0.62
30	1.80	1.42	1.00	0.62
40	1.92	1.56	1.13	0.73
50	2.03	1.67	1.25	0.84
60	2.12	1.77	1.35	0.93

脚手架的风荷载体型系数 μ_s 表 2.3-10

背靠建筑物的状况		全封闭墙	敞开、框架和开洞墙
脚手架状况	全封闭、半封闭	1.0ϕ	1.3ϕ
	敞开	μ_{stw}	

1) μ_{stw} 值可将脚手架视为桁架，按国家标准《建筑结构荷载规范》GB 50009—2012 规定计算；

图 2.3-17 密目式安全立网全封闭脚手架

2) ϕ 为挡风系数，$\phi = 1.2A_n/A_w$，其中：A_n 为挡风面积；A_w 为迎风面积。敞开式脚手架的 ϕ 值可按本规范附录 A 表 A.0.5 采用。

(8) 密目式安全立网全封闭脚手架（见图 2.3-17）挡风系数 ϕ 不宜小于 0.8。

例：根据《建筑施工扣件式钢管脚手架安全技术规范》JGJ 130—2011 计算主杆纵距 1.5m 脚手架 ϕ 如下：

钢管挡风系数 ϕ 管 = 0.09（查规范 A.0.5 表，也可按规范 P89 公式计算得 ϕ 管 = 0.089），密目安全网挡风系数 ϕ 网 = 0.8。

$$\mu_S = 1.3 \times (0.8 + 0.09) = 1.157$$

（ϕ 网 = 0.8 参考《建筑施工碗扣式钢管脚手架安全技术规范》JGJ 166—2008）

3. 荷载组合

(1) 设计脚手架的承重构件时，应根据使用过程中可能出现的荷载取其最不利组合进行计算，荷载效应组合宜按表 2.3-11 采用。

(2) 满堂支撑架用于混凝土结构施工时，荷载组合与荷载设计值应符合现行行业标准《建筑施工模板安全技术规范》JGJ 162—2008 的规定。

计 算 项 目	荷载效应组合
纵向、横向水平杆与变形	永久荷载＋施工荷载
脚手架立杆地基承载力 型钢悬挑梁的强度、稳定与变形	①永久荷载＋施工荷载 ②永久荷载＋0.9(施工荷载＋风荷载)
立杆稳定	①永久荷载＋可变荷载(不含风荷载) ②永久荷载＋0.9(可变荷载＋风荷载)
连墙件强度与稳定	单排架,风荷载＋2.0kN 双排架,风荷载＋3.0kN

荷载效应组合　　　　　　表 2.3-11

2.3.5　设计计算

1. 基本设计规定

(1) 脚手架的承载能力应按概率极限状态设计法的要求，采用分项系数设计表达式进行设计。可只进行下列设计计算：

1）纵向、横向水平杆等受弯构件的强度和连接扣件的抗滑承载力计算；

2）立杆的稳定性计算；

3）连墙件的强度、稳定性和连接强度的计算；

4）立杆地基承载力计算。

(2) 计算构件的强度、稳定性与连接强度时，应采用荷载效应基本组合的设计值。永久荷载分项系数应取 1.2，可变荷载分项系数应取 1.4。

(3) 脚手架中的受弯构件，尚应根据正常使用极限状态的要求验算变形。验算构件变形时，应采用荷载效应的标准组合的设计值，各类荷载分项系数均应取 1.0。

(4) 当纵向或横向水平杆的轴线对立杆轴线的偏心距不大于 55mm 时，立杆稳定性计算中可不考虑此偏心距的影响。

(5) 当采用规范规定的构造尺寸，其相应杆件可不再进行设计计算。但连墙杆（见图 2.3-18）、立杆地基承载力等仍应根据实际荷载进行设计计算。

图 2.3-18　连墙杆

(6) 钢材的强度设计值与弹性模量应按表 2.3-12 采用。

钢材的强度设计值与弹性模量（N/mm²）　　　　表 2.3-12

Q235 钢抗拉、抗压的抗弯强度设计值 f	205
弹性模量 E	$2.06×10^5$

(7) 扣件、底座、可调托撑的承载力设计值应按表 2.3-13 采用。

(8) 受弯构件的挠度不应超过表 2.3-14 中规定的容许值。

扣件、底座、可调托撑的承载力设计值（kN） 表 2.3-13

项 目	承载力设计值
对接扣件（抗滑）	3.20
直角扣件、旋转扣件（抗滑）	8.00
底座（抗压）、可调托撑（抗压）	40.00

受弯构件的容许挠度 表 2.3-14

构件类别	容许挠度[v]
脚手板，脚手架纵向、横向水平杆	$l/150$ 与 10mm
脚手架悬挑受弯构件	$l/400$
型钢悬挑脚手架悬挑钢梁（见图 2.3-19）	$l/250$

注：l 为受弯构件的跨度，对悬挑杆件为其悬伸长度的 2 倍。

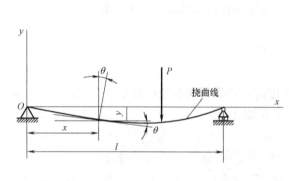 

图 2.3-19 型钢悬挑脚手架悬挑钢梁

（9）受压、受拉构件的长细比不应超过表 2.3-15 中规定的容许值。

受压、受拉构件的容许长细比 表 2.3-15

构 件 类 别		容许挠度[λ]
立杆	双排架 满堂支撑架	210
	单排架	230
	满堂脚手架	250
横向斜撑、剪刀撑中的压杆		250
拉杆		350

长细比：
$$\lambda = l_0/i, \quad i = \sqrt{\frac{I}{A}} \tag{2.3-2}$$

l_0 计算见 2. 中（4）。

2. 满堂脚手架计算

（1）立杆的稳定性应按规范式计算。

（2）计算立杆段的轴向力设计值 N，应按规范公式计算。施工荷载产生的轴向力标准值总和 $\sum N_{Qk}$，可按所选取计算部位立杆负荷面积计算。

（3）立杆稳定性计算部位的确定应符合下列规定：

1）当满堂脚手架采用相同的步距、立杆纵距、立杆横距时，应计算底层立杆段；

2）当架体的步距、立杆纵距、立杆横距有变化时，除计算底层立杆段外，还必须对出现最大步距、最大立杆纵距、立杆横距等部位的立杆段进行验算；

3）当架体上有集中荷载作用时，尚应计算集中荷载作用范围内受力最大的立杆段。

（4）满堂脚手架立杆的计算长度应按下式计算：

$$l_0 = k\mu h \tag{2.3-3}$$

式中：k——满堂脚手架立杆计算长度附加系数，应按表 2.3-16 采用；

　　　h——步距；

　　　μ——考虑满堂脚手整体稳定因素的单杆计算长度系数，应按《建筑施工扣件式钢管脚手架安全技术规范》JGJ 130—2011 规范附录 C 表 C-1 采用。

满堂脚手架立杆计算长度附加系数　　　　　　表 2.3-16

高度 H(m)	$H \leqslant 20$	$20 < H \leqslant 30$	$30 < H \leqslant 36$
k	1.155	1.191	1.204

注：当验算立杆允许长细比时，取 $k=1$。

（5）满堂脚手架纵、横水平杆计算应符合规范的规定。

（6）当满堂脚手架立杆间距不大于 1.5m×1.5m，架体四周及中间与建筑物结构进行刚性连接，并且刚性连接点的水平间距不大于 4.5m，竖向间距不大于 3.6m 时，可按双排脚手架的规定进行计算。

3. 满堂支撑架计算

（1）满堂支撑架顶部施工层荷载应通过可调托撑传递给立杆。

（2）满堂支撑架根据剪刀撑的设置不同分为普通型构造与加强型构造，其构造设置应符合规范规定，两种类型满堂支撑架立杆的计算长度应符合规范的规定。

（3）立杆的稳定性应按规范计算。由风荷载设计值产生的立杆段弯矩 MW，可按规范计算。

（4）计算立杆段的轴向力设计值 N，详见 2.2.1 中 1. 的内容

不组合风荷载时：

$$N = 1.2\sum N_{Gk} + 1.4\sum N_{Qk} \tag{2.3-4}$$

组合风荷载时：

$$N = 1.2\sum N_{Gk} + 0.9 \times 1.4\sum N_{Qk} \tag{2.3-5}$$

式中：$\sum N_{Gk}$——永久荷载对立杆产生的轴向力标准值总和（kN）；

　　　$\sum N_{Qk}$——可变荷载对立杆产生的轴向力标准值总和（kN）。

（5）立杆稳定性计算部位的确定应符合下列规定：

图 2.3-20　满堂支撑架

1）当满堂支撑架采用相同的步距、立杆纵距、立杆横距时，应计算底层与顶层立杆段；

2）符合本书 2.3.5 中 2. 的（3）条 2）、3）的规定。

（6）满堂支撑架（见图 2.3-20）立杆的计算长度应按下式计算，取整体稳定计算结果最不利值：

1）顶部立杆段：

$$l_0 = k\mu_1(h+2a) \qquad (2.3\text{-}6)$$

2）非顶部立杆段：

$$l_0 = k\mu_2 h \qquad (2.3\text{-}7)$$

式中：k——满堂支撑架计算长度附加系数，应按表 2.3-17 采用；

h——步距；

a——立杆伸出顶层水平杆中心线至支撑点的长度；应不大于 0.5m，当 0.2m $<a<$ 0.5m 时，承载力可按线性插入值。

μ_1、μ_2——考虑满堂支撑架整体稳定因素的单杆计算长度系数，普通型构造应按 JGJ 130—2011 规范附录 C 表 C-2、C-4 采用；加强型构造应按 JGJ 130—2011 规范附录 C 表 C-3、C-5 采用。

满堂支撑架立杆计算长度附加系数　　　　　　　　表 2.3-17

高度 H(m)	$H \leqslant 8$	$8 < H \leqslant 10$	$10 < H \leqslant 20$	$20 < H \leqslant 30$
k	1.155	1.185	1.217	1.291

注：当验算立杆允许长细比时，取 $k=1$。

（7）当满堂支撑架小于 4 跨时，宜设置连墙件将架体与建筑结构刚性连接。当架体未设置连墙件与建筑结构刚性连接，立杆计算长度系数 μ 按 JGJ 130—2011 规范附录 C 表 C-2～表 C-5 采用时，应符合下列规定：

1）支撑架高度不应超过一个建筑楼层高度，且不应超过 5.2m；

2）架体上永久荷载与可变荷载（不含风荷载）总和标准值不应大于 7.5kN/m²；

3）架体上永久荷载与可变荷载（不含风荷载）总和的均布线荷载标准值不应大于 7kN/m。

4. 脚手架地基承载力计算

（1）立杆基础底面（见图 2.3-21）的平均压力应满足下式的要求：

$$P_k \leqslant f_g \qquad (2.3\text{-}8)$$

式中：P_k——立杆基础底面处的平均压力标准值（kPa），

$P_k = N_k/A$；

N_k——上部结构传至立杆基

图 2.3-21　立杆垫块

础顶面的轴向力标准值（kN）；

f_g——地基承载力特征值（kPa），应按本规范第 2.3.5.4.2 条规定采用。

A——基础底面面积（m²），关于基础底面面积 A（m²）的计算方法讨论如下：

1）立杆的垫木或枕木要有一定的刚度，才能按垫木或枕木的触地面积计算；通常情况下把立杆看成支座，把垫木或枕木看作反梁（见图 2.3-22），计算垫木或枕木的强度和挠度是否符合要求，当垫木或枕木的强度和挠度符合要求时，可以把用垫木或枕木的触地面积作为基础底面面积 A 计算。

2）当有混凝土垫层时，A 的计算方法，见图 2.3-23、式 2.3-9：

$$A=(a+2D+2d)\times(b+2D+2d) \tag{2.3-9}$$

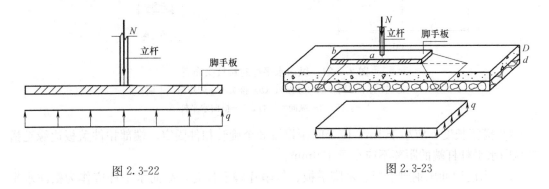

图 2.3-22　　　　　　　　　　　　　　　　图 2.3-23

通常情况下 50×200mm（计算长度约为 600mm）通长脚手板，可以满要求。

3）当 A 大于上述 2 条的计算时，应按钢筋混凝土设计规范计算混凝土垫层的抗冲切力和配筋。

（2）地基承载力特征值的取值应符合下列规定：

1）当为天然地基时，应按地质勘察报告选用；当为回填土地基时，应对地质勘察报告提供的回填土地基承载力特征值乘以折减系数 0.4。

2）由载荷试验或工程经验确定。

3）对搭设在楼面等建筑结构上的脚手架，应对支撑架体的建筑结构进行承载力验算，当不能满足承载力要求时应采取可靠的加固措施。

2.3.6　构造要求

1. 单排脚手架搭设高度不应超过 24m；双排脚手架搭设高度不宜超过 50m，高度超过 50m 的双排脚手架，应采用分段搭设等措施。

2. 脚手架纵向水平杆、横向水平杆、脚手板

（1）纵向水平杆的构造应符合下列规定：

1）纵向水平杆应设置在立杆内侧，单根杆长度不应小于 3 跨；

2）纵向水平杆接长应采用对接扣件连接或搭接，并应符合下列规定：

① 两根相邻纵向水平杆的接头不应设置在同步或同跨内；不同步或不同跨两个相邻接头在水平方向错开的距离不应小于 500mm；各接头中心至最近主节点的距离不应大于

纵距的 1/3，见图 2.3-24。

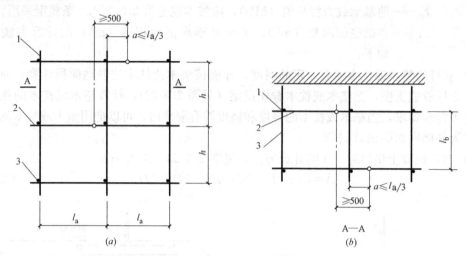

图 2.3-24 纵向水平杆对接接头布置

（a）接头不在同步内（立面）；（b）接头不在同跨内（平面）

1—立杆；2—纵向水平杆；3—横向水平杆

② 搭接长度不应小于 1m，应等间距设置 3 个旋转扣件固定；端部扣件盖板边缘至搭接纵向水平杆杆端的距离不应小于 100mm。

3）当使用冲压钢脚手板、木脚手板、竹串片脚手板时，纵向水平杆应作为横向水平杆的支座，用直角扣件固定在立杆上；当采用竹笆脚手板时，纵向水平杆应采用直角扣件固定在横向水平杆上，并应等距离设置，间距不应大于 400mm（说用脚手板时，小横杆在上，用竹笆时大横杆在上），见图 2.3-25。

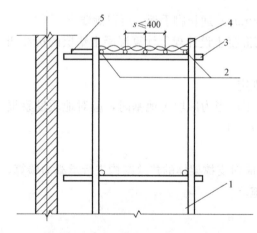

图 2.3-25 铺竹笆脚手板时纵向水平杆的构造

1—立杆；2—纵向水平杆；3—横向水平杆；

4—竹笆脚手板；5—其他脚手板

（2）横向水平杆的构造应符合下列规定：

1）作业层上非主节点处的横向水平杆，宜根据支承脚手板的需要等间距设置，最大间距不应大于纵距的 1/2；

2）当使用冲压钢脚手板、木脚手板、竹串片脚手板时，双排脚手架的横向水平杆两端均应采用直角扣件固定在纵向水平杆上；单排脚手架的横向水平杆的一端应用直角扣件固定在纵向水平杆上，另一端应插入墙内，插入长度不应小于 180mm；

3）当使用竹笆脚手板时，双排脚手架的横向水平杆的两端，应用直角扣件固定在立杆上；单排脚手架的横向水平杆的一端，应用直角扣件固定在立杆上，另一端插入墙内，插入长度不应小于 180mm。

（3）主节点处必须设置一根横向水平杆（见图 2.3-26），用直角扣件扣接且严禁拆除。

（4）脚手板的设置应符合下列规定：

1）作业层脚手板应铺满、铺稳、铺实；

2）冲压钢脚手板、木脚手板、竹串片脚手板等，应设置在三根横向水平杆上。当脚手板长度小于 2m 时，可采用两根横向水平杆支承，但应将脚手板两端与横向水平杆可靠固定，严防倾翻。

脚手板平接铺设时，接头处应采用两根横向水平杆，脚手板伸出长度应取 130～150mm，两块脚手板外伸长度之和不应大于 300mm，见图 2.3-27（a）；脚手板搭接铺设时，接头应支在横向水平杆上，搭接长度不应小于 200mm，其伸出横向水平杆的长度不应小于 100mm，见图 2.3-27（b）。

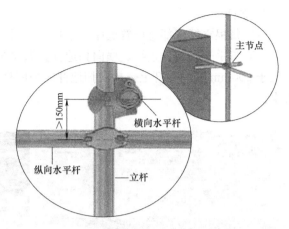

图 2.3-26　主节点处设置横向水平杆

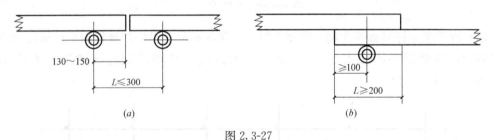

图 2.3-27

（a）平接铺设；（b）搭接铺设

3）竹笆脚手板应按其主竹筋垂直于纵向水平杆方向铺设，且应对接平铺，四个角应用直径不小于 1.2mm 的镀锌钢丝固定在纵向水平杆上。

4）作业层端部脚手板探头长度应取 150mm，其板的两端均应固定于支承杆件上，见图 2.3-28。

图 2.3-28　脚手板端部固定

3. 立杆

（1）每根立杆底部宜设置底座或垫板，见图 2.3-29。

（2）脚手架必须设置纵、横向扫地杆。纵向扫地杆应采用直角扣件固定在距钢管底端不大于 200mm 处的立杆上。横向扫地杆应采用直角扣件固定在紧靠纵向扫地杆下方的立杆上。

图 2.3-29 立杆垫板

（3）脚手架立杆基础不在同一高度上时，必须将高处的纵向扫地杆向低处延长两跨与立杆固定，高低差不不应大于 1m。靠边坡上方的立杆轴线到边坡的距离不应小于 500mm，见图 2.3-30。

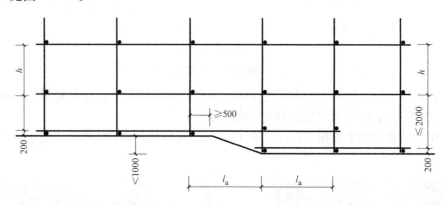

图 2.3-30 脚手架立杆基础不在同一高度

（4）单、双排脚手架底层步距均不应大于 2m。

（5）单排、双排与满堂脚手架立杆接长除顶层顶步外，其余各层各步接头必须采用对接扣件连接。

（6）脚手架立杆的对接、搭接应符合下列规定：

1）当立杆采用对接接长时，立杆的对接扣件应交错布置，两根相邻立杆的接头不应设置在同步内，同步内隔一根立杆的两个相隔接头在高度方向错开的距离不宜小于 500mm；各接头中心至主节点的距离不宜大于步距的 1/3，见图 2.3-31；

2）当立杆采用搭接接长时，搭接长度不应小于 1m，并应采用不少于 2 个旋转扣件固定。端部扣件盖板的边缘至杆端距离不应小于 100mm。

（7）脚手架立杆顶端栏杆宜高出女儿墙上端 1m，宜高出檐口上端 1.5m。

4. 连墙件

（1）脚手架连墙件设置的位置、数量应按专项施工方案确定，见图 2.3-32。

（2）脚手架连墙件数量的设置除应满足规范的计算要求外，还应符合表 2.3-18 的规定。

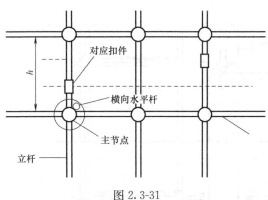

图 2.3-31

图 2.3-32　连墙件

连墙件布置最大间距　　　　　　　　　　　　　　　　　表 2.3-18

搭设方法	高度	竖向间距（h）	水平间距（l_a）	每件连墙件覆盖面积（m²）
双排落地	≤50m	$3h$	$3l_a$	≤40m
双排悬挑	>50m	$2h$	$3l_a$	≤27m
单挑	≤24m	$3h$	$3l_a$	≤40m

注：h——步距；l_a——纵距。

（3）连墙件的布置应符合下列规定，见图 2.3-33：

71

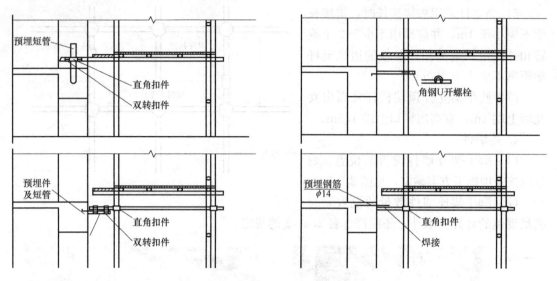

图 2.3-33 常规连墙件做法

1）应靠近节点设置，偏离主节点的距离不应大于 300mm；

2）应从底层第一步纵向水平杆处开始设置，当该处设置有困难时，应采用其他可靠措施固定；

3）应优先采用菱形布置，或采用方形、矩形布置；

4）开口型脚手架的两端必须设置连墙件，见图 2.3-34，连墙件的垂直间距不应大于建筑物的层高，并且不应大于 4m。

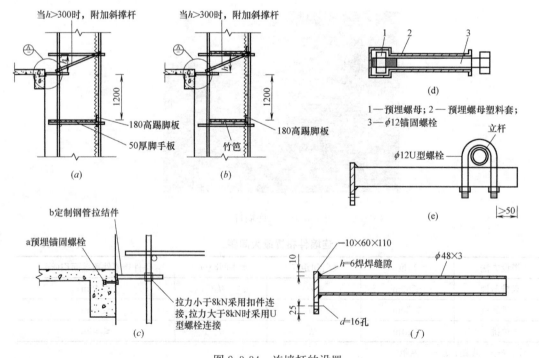

图 2.3-34 连墙杆的设置

（a）脚手板操作层及拉结构造图；（b）竹笆操作层及拉结结构图；（c）A 详图；（d）a 详图；（e）c 详图；（f）b 详图

（4）连墙件中的连墙杆应呈水平设置，当不能水平设置时，应向脚手架一端下斜连接。

（5）连墙件必须采用可承受拉力和压力的构造。对高度 24m 以上的双排脚手架，应采用刚性连墙件与建筑物连接。

（6）当脚手架下部暂不能设连墙件时应采取防倾覆措施。当搭设抛撑时，抛撑应采用通长杆件，并用旋转扣件固定在脚手架上，与地面的倾角应在 45°～60° 之间；连接点中心至主节点的距离不应大于 300mm。抛撑应在连墙件搭设后再拆除。

（7）架高超过 40m 且有风涡流作用时，应采取抗上升翻流作用的连墙措施（可采用刚性连墙件向脚手架一端下斜连接）。

5. 门洞

（1）单、双排脚手架门洞宜采用上升斜杆、平行弦杆桁架结构型式，见图 2.3-35，斜杆与地面的倾角 α 应在 45°～60° 之间。门洞桁架的型式宜按下列要求确定：

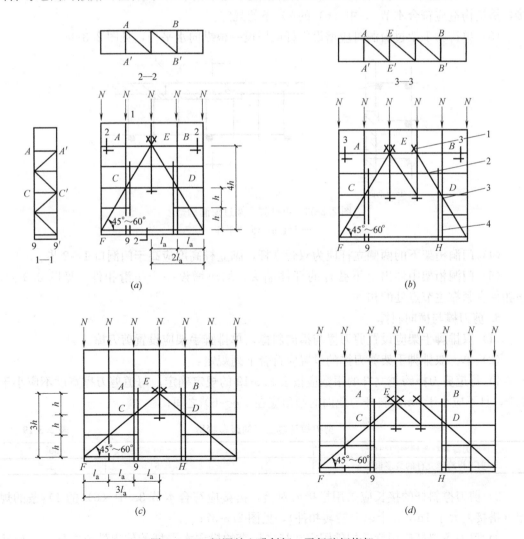

图 2.3-35 门洞处上升斜杆、平行弦杆桁架

1—防滑扣件；2—增设的横向水平杆；3—副立杆；4—主立杆

1）当步距（h）小于纵距（l_a）时，应采用 A 型；

2）当步距（h）大于纵距（l_a）时，应采用 B 型，并应符合下列规定：

① $h=1.8m$ 时，纵距不应大于 1.5m；

② $h=2.0m$ 时，纵距不应大于 1.2m。

（2）单、双排脚手架门洞桁架的构造应符合下列规定：

1）单排脚手架门洞处，应在平面桁架（图 2.3-35 中 A、B、C、D）的每一节间设置一根斜腹杆；双排脚手架门洞处的空间桁架，除下弦平面外，应在其余 5 个平面内的图示节间设置一根斜腹杆（图 2.3-35 中 1—1、2—2、3—3 剖面）；

2）斜腹杆宜采用旋转扣件固定在与之相交的横向水平杆的伸出端上，旋转扣件中心线至主节点的距离不宜大于 150mm。当斜腹杆在 1 跨内跨越 2 个步距时，见图 2.3-35（a），宜在相交的纵向水平杆处，增设一根横向水平杆，将斜腹杆固定在其伸出端上；

3）斜腹杆宜采用通长杆件，当必须接长使用时，宜采用对接扣件连接，也可采用搭接，搭接构造应符合本节 3. 中（6）的 2）条的规定。

（3）单排脚手架过窗洞时应增设立杆或增设一根纵向水平杆，见图 2.3-36。

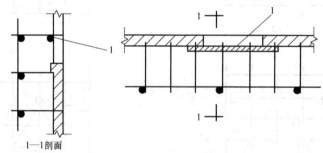

图 2.3-36　单排脚手架过窗洞构造

1—增设的纵向水平杆

（4）门洞桁架下的两侧立杆应为双管立杆，副立杆高度应高于门洞口 1～2 步。

（5）门洞桁架中伸出上下弦杆的杆件端头，均应增设一个防滑扣件，见图 2.3-36，该扣件宜紧靠主节点处的扣件。

6. 剪刀撑与横向斜撑

（1）双排脚手架应设置剪刀撑与横向斜撑，单排脚手架应设置剪刀撑。

（2）单、双排脚手架剪刀撑的设置应符合下列规定：

1）每道剪刀撑跨越立杆的根数应按表 2.3-19 的规定确定。每道剪刀撑宽度不应小于 4 跨，且不应小于 6m，斜杆与地面的倾角应在 45°～60°之间；

剪刀撑跨越立杆的最多根数　　　　表 2.3-19

剪刀撑斜杆与地面的倾角 α	45°	50°	60°
剪刀撑跨越立杆的最多根数 n	7	6	5

2）剪刀撑斜杆的接长应采用搭接或对接，搭接应符合本节 3. 中（6）的 1）条的规定（搭接上大于 1m，2 个以上旋转扣件），见图 2.3-37；

3）剪刀撑斜杆应用旋转扣件固定在与之相交的横向水平杆的伸出端或立杆上，旋转扣件中心线至主节点的距离不应大于 150mm，见图 2.3-38。

图 2.3-37　剪刀撑斜杆的搭接长度不足

图 2.3-38　剪刀撑斜杆的固定

（3）高度在 24m 及以上的双排脚手架应在外侧全立面连续设置剪刀撑；高度在 24m以下的单、双排脚手架，均必须在外侧两端、转角及中间间隔不超过 15m 的立面上，各配置一道撑，并应由由底至连续设置，见图 2.3-39。

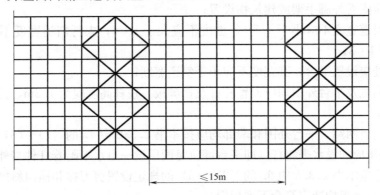

图 2.3-39　高度在 24m 以下的脚手架设置

7. 斜道

（1）人行并兼作材料运输的斜道的型式宜按下列要求确定：

1）高度不大于 6m 的脚手架，宜采用一字形斜道，见图 2.3-40；

2）高度大于 6m 的脚手架，宜采用之字形斜道，见图 2.3-41。

图 2.3-40　一字形斜道

图 2.3-41　之字形斜道

（2）斜道的构造应符合下列规定：

1）斜道应附着外脚手架或建筑物设置；

2）运料斜道宽度不应小于 1.5m，坡度不应大于 1：6；人行斜道宽度不应小于 1m，坡度不应大于 1：3；

3）拐弯处应设置平台，其宽度不应小于斜道宽度；

4）斜道两侧及平台外围均应设置栏杆及挡脚板。栏杆高度应为 1.2m，挡脚板高度不应小于 180mm。

5）运料斜道两端、平台外围和端部均应按本书 2.3.6 中 4. 的（1）～（6）的规定设置连墙件；每两步应加设水平斜杆（即平台部位每两层设一道水平附着杆件与外脚手架或建筑物连接）；应按本书 2.3.6 中 6. 的（2）～（5）的规定设置剪刀撑和横向斜撑。

（3）斜道脚手板构造应符合下列规定：

1）脚手板横铺时，应在横向水平杆下增设纵向支托杆，纵向支托杆间距不应大于 500mm；

2）脚手板顺铺时，接头应采用搭接，下面的板头应压住上面的板头，板头的凸棱处应采用三角木填顺；

3）人行斜道和运料斜道的脚手板上应每隔 250～300mm 设置一根防滑木条，木条厚度应为 20～30mm。

8. 满堂脚手架

（1）常用敞开式满堂脚手架结构的设计尺寸，可按表 2.3-20 采用（在没有水平向附着支撑下，高宽比不大于 2）。

（2）满堂脚手架搭设高度不宜超过 36m；满堂脚手架施工层不得超过 1 层（在满堂脚手架上同时操作的作业面）。

（3）满堂脚手架立杆的构造应符合本书 2.3.6 中 3. 的（1）～（3）的规定；立杆接长接头必须采用对接扣件连接。立杆对接扣件布置应符合本书 2.3.6 中 3. 的（6）条第一款的规定。水平杆的连接应符合本书 2.3.6 中 2. 的（1）条第二款的有关规定，水平杆长度不宜小于 3 跨。

常用敞开式满堂脚手架结构的设计尺寸　　　　　　　　　　表 2.3-20

序号	步距 (m)	立杆间距 (m)	支架高宽 比不大于	下列施工荷载时最大允许高度(m)	
				2(kN/m²)	3(kN/m²)
1		1.2×1.2	2	17	9
2	1.7～1.8	1.0×1.0	2	30	24
3		0.9×0.9	2	36	36
4		1.3×1.3	2	18	9
5	1.5	1.2×1.2	2	23	16
6		1.0×1.0	2	36	31
7		0.9×0.9	2	36	36
8		1.3×1.3	2	20	13
9	1.2	1.2×1.2	2	24	19
10		1.0×1.0	2	36	32
11		0.9×0.9	2	36	36
12	0.9	1.0×1.0	2	36	33
13		0.9×0.9	2	36	36

（4）满堂脚手架应在架体外侧四周及内部纵、横向每 6～8m 由底至顶设置连续竖向剪刀撑，见图 2.3-42。当架体搭设高度在 8m 以下时，应在架顶部设置连续水平剪刀撑；当架体搭设高度在 8m 及以上时，应在架体底部、顶部及竖向间隔不超过 8m 分别设置连续水平剪刀撑。水平剪刀撑宜在竖向剪刀撑斜杆相交平面设置。剪刀撑宽度应为 6～8m。

图 2.3-42　满堂式脚手架

（5）剪刀撑应用旋转扣件固定在与之相交的水平杆或立杆上，旋转扣件中心线至主节点的距离不宜大于 150mm。

（6）满堂脚手架的高宽比不宜大于 3，当高宽比大于 2 时，应在架体的外侧四周和内部水平间隔 6～9m，竖向间隔 4～6m 设置连墙件与建筑结构拉结，当无法设置连墙件时，应采取设置钢丝绳张拉固定等措施。

（7）最少跨数为 2、3 跨的满堂脚手架，宜按本书 2.3.6 中 4. 的规定设置连墙件。

（8）当满堂脚手架局部承受集中荷载时，应按实际荷载计算并应局部加固。

（9）满堂脚手架应设爬梯，爬梯踏步间距不得大于 300mm。

（10）满堂脚手架操作层支撑脚手板的水平杆间距不应大于 1/2 跨距（板的长度）。

9. 满堂支撑架

（1）满堂支撑架立杆步距与立杆间距不宜超过 JGJ130-2011 规范附录 C 表 C-2～表 C-5 规定的上限值（可以理解为立杆间距不应超 1.2m×1.2m），立杆伸出顶层水平杆中心线至支撑点的长度 a 不应超过 0.5m。满堂支撑架搭设高度不宜超过 30m。

（2）满堂支撑架立杆、水平杆的构造要求应符合本书 2.3.6 中 8. 的（3）条的规定。

（3）满堂支撑架应根据架体的类型设置剪刀撑，并应符合下列规定：

1）普通型：

① 在架体外侧周边及内部纵、横向每 5～8m，应由底至顶设置连续竖向剪刀撑，剪刀撑宽度应为 5～8m，见图 2.3-43。

② 在竖向剪刀撑顶部交点平面应设置连续水平剪刀撑。当支撑高度超过 8m，或施工总荷载大于 15kN/m² ，或集中线荷载大于 20kN/m 的支撑架，扫地杆的设置层应设置水平剪刀撑。水平剪刀撑至架体底平面距离与水平剪刀撑间距不宜超过 8m。

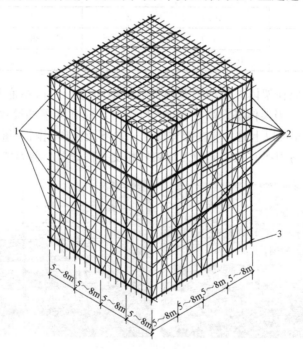

图 2.3-43　普通型水平、竖向剪刀撑布置图
1—水平剪刀撑；2—竖向剪刀撑；3—扫地杆设置层

2）加强型

① 当立杆纵、横间距为 0.9m×0.9m～1.2m×1.2m 时，在架体外侧周边及内部纵、横向每 4 跨（且不大于 5m），应由底至顶设置连续竖向剪刀撑，剪刀撑宽度应为 4 跨。

② 当立杆纵、横间距为 0.6m×0.6m～0.9m×0.9m（含 0.6m×0.6m，0.9m×0.9m）时，在架体外侧周边及内部纵、横向每 5 跨（且不小于 3m），应由底至顶设置连续竖向剪刀撑，剪刀撑宽度应为 5 跨。

③ 当立杆纵、横间距为 0.4m×0.4m～0.6m×0.6m（含 0.4m×0.4m）时，在架体

外侧周边及内部纵、横向每 3～3.2m 应由底至顶设置连续竖向剪刀撑，剪刀撑宽度应为 3～3.2m。

④ 在竖向剪刀撑顶部交点平面应设置水平剪刀撑，扫地杆的设置层水平剪刀撑的设置应符合本书 2.3.6 中 9. 的（3）条第一款第二项的规定，水平剪刀撑至架体底平面距离与水平剪刀撑间距不宜超过 6m，剪刀撑宽度应为 3～5m，图 2.3-44。

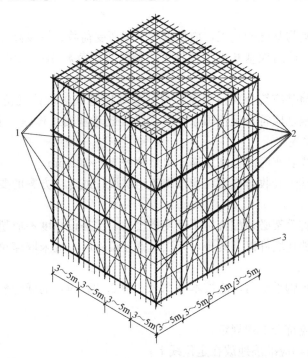

图 2.3-44　加强型水平、竖向剪刀撑布置图
1—水平剪刀撑；2—竖向剪刀撑；3—扫地杆设置层

（4）竖向剪刀撑斜杆与地面的倾角应为 45°～60°，水平剪刀撑与支架纵（或横）向夹角应为 45°～60°，剪刀撑斜杆的接长应符合本书 2.3.6 中 3. 的（6）的规定。

（5）剪刀撑的固定应符合本书 2.3.6 中 8. 的（5）的规定（剪刀撑应用旋转扣件固定在与之相交的水平杆或立杆上，旋转扣件中心线至主节点的距离不宜大于 150mm）。

（6）满堂支撑架的可调底座、可调托撑螺杆伸出长度不宜超过 300mm，插入立杆内的长度不得小于 150mm。

（7）当满堂支撑架高宽比不满足 JGJ 130—2011 规范附录 C 表 C-2～表 C-5 规定（高宽比大于 2 或 2.5）时，满堂支撑架应在支架的四周和中部与结构柱进行刚性连接，连墙件水平间距应为 6～9m，竖向间距应为 2～3m。在无结构柱部位应采取预埋钢管等措施与建筑结构进行刚性连接，在有空间部位，满堂支撑架宜超出顶部加载区投影范围向外延伸布置 2～3 跨。支撑架高宽比不应大于 3。

2.3.7　施工

1. 施工准备

（1）脚手架搭设前，应按专项施工方案向施工人员进行交底。

（2）应按本规范的规定和脚手架专项施工方案要求对钢管、扣件、脚手板、可调托撑等进行检查验收，不合格产品不得使用。

（3）经检验合格的构配件应按品种、规格分类，堆放整齐、平稳，堆放场地不得有积水。

（4）应清除搭设场地杂物，平整搭设场地，并应使排水畅通。

2. 地基与基础

（1）脚手架地基与基础的施工，应根据脚手架所受荷载、搭设高度、搭设场地土质情况与现行国家标准《建筑地基基础工程施工质量验收规范》GB 50202—2002 的有关规定进行。

（2）压实填土地基应符合现行国家标准《建筑地基基础设计规范》GB 50007—2011 的相关规定；灰土地基应符合现行国家标准《建筑地基基础工程施工质量验收规范》GB 50202—2002 的相关规定。

（3）立杆垫板或底座底面标高宜高于自然地坪 50～100mm。

（4）脚手架基础经验收合格后，应按施工组织设计或专项方案的要求放线定位。

3. 搭设

（1）单、双排脚手架必须配合施工进度搭设，一次搭设高度不应超过相邻连墙件以上两步；如果超过相邻连墙件以上两步，无法设置连墙件时，应采取撑拉固定等措施与建筑结构拉结。

（2）每搭完一步脚手架后，应按本书 2.3.8 中 2. 的（4）的规定校正步距、纵距、横距及立杆的垂直度。

（3）底座安放应符合下列规定：

1）底座、垫板均应准确地放在定位线上；

2）垫板应采用长度不少于 2 跨，厚度不小于 50mm，宽度不小 200mm 的木垫板。

（4）立杆搭设应符合下列规定：

1）相邻立杆的对接连接应符合本书 2.3.6 中 3. 的（6）的规定；

2）脚手架开始搭设立杆时，应每隔 6 跨设置一根抛撑，直至连墙件安装稳定后，方可根据情况拆除；

3）当架体搭设至有连墙件的主节点时，在搭设完该处的立杆、纵向水平杆、横向水平杆后，应立即设置连墙件。

（5）脚手架纵向水平杆的搭设应符合下列规定：

1）脚手架纵向水平杆应随立杆按步搭设，并应采用直角扣件与立杆固定；

2）纵向水平杆的搭设应符合本书 2.3.6 中 2. 的（1）的规定；

3）在封闭型脚手架的同一步中，纵向水平杆应四周交圈设置，并应用直角扣件与内外角部立杆固定。

（6）脚手架横向水平杆搭设应符合下列规定：

1）搭设横向水平杆应符合本书 2.3.6 中 2. 的（2）的规定；

2）双排脚手架横向水平杆的靠墙一端至墙装饰面的距离不应大于 100mm；

3）单排脚手架的横向水平杆不应设置在下列部位：

① 设计上不允许留脚手眼的部位；

② 过梁上与过梁两端成 600 角的三角形范围内及过梁净跨度 1/2 的高度范围内；

③ 宽度小于 1m 的窗间墙；

④ 梁或梁垫下及其两侧各 500mm 的范围内；

⑤ 砖砌体的门窗洞口两侧 200mm 和转角处 450mm 的范围内，其他砌体的门窗洞口两侧 300mm 和转角处 600mm 的范围内；

⑥ 墙体厚度小于或等于 180mm；

⑦ 独立或附墙砖柱，空斗砖墙、加气块墙等轻质墙体；

⑧ 砌筑砂浆强度等级小于或等于 M2.5 的砖墙。

(7) 脚手架纵向、横向扫地杆搭设应符合本书 2.3.6 中 3. 的（2）、（3）条的规定。

(8) 脚手架连墙件安装应符合下列规定：

1) 连墙件的安装应随脚手架搭设同步进行，不得滞后安装；

2) 当单、双排脚手架施工操作层高出相邻连墙件二步时，应采取确保脚手架稳定的临时拉结措施，直到上一层连墙件安装完毕后再根据情况拆除。

(9) 脚手架剪刀撑与单、双排脚手架横向斜撑应随立杆、纵向和横向水平杆等同步搭设，不得滞后安装。

(10) 脚手架门洞搭设应符合本书 2.3.6 中 5. 条的规定。

(11) 扣件安装应符合下列规定：

1) 扣件规格应与钢管外径相同；

2) 螺栓拧紧扭力矩不应小于 40N·m，且不应大于 65N·m；

3) 在主节点处固定横向水平杆、纵向水平杆、剪刀撑、横向斜撑等用的直角扣件、旋转扣件的中心点的相互距离不应大于 150mm；

4) 对接扣件开口应朝上或朝内；

5) 各杆件端头伸出扣件盖板边缘的长度不应小于 100mm。

(12) 作业层、斜道的栏杆和挡脚板的搭设应符合下列规定，见图 2.3-45：

1) 栏杆和挡脚板均应搭设在外立杆的内侧；

2) 上栏杆上皮高度应为 1.2m；

3) 挡脚板高度不应小于 180mm；

4) 中栏杆应居中设置。

(13) 脚手板的铺设应符合下列规定：

1) 脚手板应铺满、铺稳，离墙面的距离不应大于 150mm；

2) 采用对接或搭接时均应符合本书 2.3.6 中 2. 的（3）条的规定；脚手板探头应用直径 3.2mm 的镀锌钢丝固定在支承杆件上；

3) 在拐角、斜道平台口处的脚手板，应用镀锌钢丝固定在横向水平杆上，防止滑动。

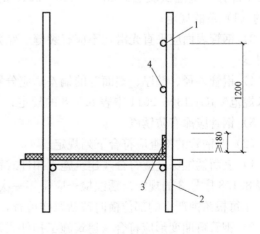

图 2.3-45　栏杆与挡脚板构造
1—上栏杆；2—外立杆；3—挡脚板；4—中栏杆

4. 拆除

（1）脚手架拆除应按专项方案施工，拆除前应做好下列准备工作：

1）应全面检查脚手架的扣件连接、连墙件、支撑体系等是否符合构造要求；

2）应根据检查结果补充完善脚手架专项方案中的拆除顺序和措施，经审批后方可实施；

3）拆除前应对施工人员进行交底；

4）应清除脚手架上杂物及地面障碍物。

（2）单、双排脚手架拆除作业必须由上而下逐层进行，严禁上下同时作业；连墙件必须随脚手架逐层拆除，严禁先将连墙件整层或数层拆除后再拆脚手架；分段拆除高差大于两步时，应增设连墙件加固。

（3）当脚手架拆至下部最后一根长立杆的高度（约6.5m）时，应先在适当位置搭设临时抛撑加固后，再拆除连墙件。当单、双排脚手架采取分段、分立面拆除时，对不拆除的脚手架两端，应先按本书2.3.6中4.的（4）和2.3.6中6.的（4）、（5）条的有关规定设置连墙件和横向斜撑加固。

（4）架体拆除作业应设专人指挥，当有多人同时操作时，应明确分工、统一行动，且应具有足够的操作面。

（5）卸料时各构配件严禁抛掷至地面；

（6）运至地面的构配件应按规范的规定及时检查、整修与保养，并按品种、规格分别存放。

2.3.8　检查与验收保养

1. 构配件检查与验收

（1）新钢管的检查应符合下列规定：

1）应有产品质量合格证；

2）应有质量检验报告，钢管材质检验方法应符合现行国家标准《金属材料拉伸试验 第1部分：室温试验法》GB/T 228—2010的有关规定，其质量应符合本文2.3.3中1.的（1）条的规定；

3）钢管表面应平直光滑，不应有裂缝、结疤、分层、错位、硬弯、毛刺、压痕和深的划痕；

4）钢管外径、壁厚、端面等的偏差，应分别符合《建筑施工扣件式钢管脚手架安全技术规范》JGJ 130—2011中表8.1.8的规定；

5）钢管应涂有防锈漆。

（2）旧钢管的检查应符合下列规定：

1）表面锈蚀深度应符合《建筑施工扣件式钢管脚手架安全技术规范》JGJ 130—2011中表8.1.8序号3的规定。锈蚀检查应每年一次。检查时，应在锈蚀严重的钢管中抽取三根，在每根锈蚀严重的部位横向截断取样检查，当锈蚀深度超过规定值时不得使用；

2）钢管弯曲变形应符合《建筑施工扣件式钢管脚手架安全技术规范》JGJ 130—2011中表8.1.8序号4的规定。

（3）扣件验收应符合下列规定：

1）扣件应有生产许可证、法定检测单位的测试报告和产品质量合格证。当对扣件质量有怀疑时，应按现行国家标准《钢管脚手架扣件》GB 15831 的规定抽样检测；

2）新、旧扣件均应进行防锈处理；

3）扣件的技术要求应符合现行国家标准《钢管脚手架扣件》GB 15831—2006 的相关规定。

（4）扣件进入施工现场应检查产品合格证，并应进行抽样复试，技术性能应符合现行国家标准《钢管脚手架扣件》GB 15831—2006 的规定。扣件在使用前应逐个挑选，有裂缝、变形、螺栓出现滑丝的严禁使用。

（5）脚手板的检查应符合下列规定：

1）冲压钢脚手板

① 新脚手板应有产品质量合格证；

② 尺寸偏差应符合规范规定，且不得有裂纹、开焊与硬弯；

③ 新、旧脚手板均应涂防锈漆；

④ 应有防滑措施。

2）木脚手板、竹脚手板：

① 木脚手板质量应符合规范的规定，宽度、厚度允许偏差应符合国家标准《木结构工程施工质量验收规范》GB 50206—2012 的规定。不得使用扭曲变形、劈裂、腐朽的脚手板；

② 竹笆脚手板、竹串片脚手板的材料应符合规范的规定。

（6）悬挑脚手架用型钢的质量应符合规范的规定，并应符合现行国家标准《钢结构工程施工质量验收规范》GB 50205—2001 的有关规定。

（7）可调托撑的检查应符合下列规定：

1）应有产品质量合格证，其质量应符合规范的规定；

2）应有质量检验报告，可调托撑抗压承载力应符合本文 2.3.5 中 1. 的（7）条的规定；

3）可调托撑支托板厚不应小于 5mm，变形不应大于 1mm；

4）严禁使用有裂缝的支托板、螺母。

2. 脚手架检查与验收

（1）脚手架及其地基基础应在下列阶段进行检查与验收：

1）基础完工后及脚手架搭设前；

2）作业层上施加荷载前；

3）每搭设完 6～8m 高度后；

4）达到设计高度后；

5）遇有六级强风及以上风或大雨后，冻结地区解冻后；

6）停用超过一个月。

（2）应根据下列技术文件进行脚手架检查、验收：

1）本书 2.3.8 中 2. 的（3）～（5）条的规定；

2）专项施工方案及变更文件；

3）技术交底文件。

4）构配件质量检查表。

（3）脚手架使用中，应定期检查下列要求内容：

1）杆件的设置和连接，连墙件、支撑、门洞桁架等的构造应符合本文和专项施工方案的要求；

2）地基应无积水，底座应无松动，立杆应无悬空；

3）扣件螺栓应无松动；

4）高度在 24m 以上的双排、满堂脚手架，其立杆的沉降与垂直度的偏差应符合 JGJ 130—2011 中表 8.2.4 的规定；高度在 20m 以上的满堂支撑架，其立杆的沉降与垂直度的偏差应符合 JGJ 130—2011 中表 8.2.4 的规定；

5）安全防护措施应符合规范要求；

6）应无超载使用。

（4）脚手架搭设的技术要求、允许偏差与检验方法，应符合 JGJ 130—2011 规范表 8.2.4 要求。

（5）安装后的扣件螺栓拧紧扭力矩应采用扭力扳手检查，抽样方法应按随机分布原则进行。抽样检查数目与质量判定标准，应按规范确定。不合格的应重新拧紧至合格。

2.3.9 安全管理

（1）满堂支撑架在使用过程中，应设有专人监护施工，当出现异常情况时，应立即停止施工，并应迅速撤离作业面上人员。应在采取确保安全的措施后，查明原因、做出判断和处理。

（2）满堂支撑架顶部的实际荷载不得超过设计规定。

（3）当有六级强风及以上风、浓雾、雨或雪天气时应停止脚手架搭设与拆除作业。雨、雪后上架作业应有防滑措施，并应扫除积雪。

（4）夜间不宜进行脚手架搭设与拆除作业。

（5）脚手架的安全检查与维护，应按本书 2.3.8 中 2. 条的规定进行。

（6）脚手板应铺设牢靠、严实，并应用安全网双层兜底。施工层以下每隔 10m 应用安全网封闭。

（7）单、双排脚手架、悬挑式脚手架沿架体外围应用密目式安全网全封闭，密目式安全网宜设置在脚手架外立杆的内侧，并应与架体绑扎牢固。

（8）在脚手架使用期间，严禁拆除下列杆件：

1）主节点处的纵、横向水平杆，纵、横向扫地杆；

2）连墙件。

（9）当在脚手架使用过程中开挖脚手架基础下的设备基础或管沟时，必须对脚手架采取加固措施。

（10）满堂脚手架与满堂支撑架在安装过程中，应采取防倾覆的临时固定措施。

（11）临街搭设脚手架时，外侧应有防止坠物伤人的防护措施。

（12）在脚手架上进行电、气焊作业时，应有防火措施和专人看守。

（13）工地临时用电线路的架设及脚手架接地、避雷措施等，应按现行行业标准《施工现场临时用电安全技术规范》JGJ 46—2005 的有关规定执行。

（14）搭拆脚手架时，地面应设围栏和警戒标志，并应派专人看守，严禁非操作人员入内。

第3章 高大模板支撑架坍塌事故案例分析

我国建筑行业生产规模总量很大，施工安全事故频发，很难控制，给人民生命财产带来了很大损失，因此，个人应该学习国家相关的法律法规、相关的安全生产知识来保护自己的自身安危和权益，组织则应建立健全的安全监管责任体系和采取有针对性的措施来防范重大安全事故的发生。据国家相关数据统计，现在模板坍塌事故已成为较大及以上建筑生产安全事故之首，而模板坍塌主要发生在施工期间，且其主要与模板支撑结构体系搭设施工质量有关。为此，对于高支模支撑项目来说，更应该引起重视。

3.1 中央下发建筑施工安全生产指示和安全生产法律规范

3.1.1 全国建筑施工安全生产电视电话会议提出的"四项措施"和"四点要求"

2014年12月29日，住房城乡建设部召开全国建筑施工安全生产电视电话会议，通报北京"12.29"等5起坍塌事故情况，部署进一步加强建筑施工安全生产工作。住房城乡建设部会议通报批评了近期江西、广东、宁夏、河南、北京等地连续发生的5起坍塌事故。会议对各地住房城乡建设主管部门进一步扎实做好建筑施工安全生产工作提出了要求。

1. 会议提出的"四项措施"

会议首先传达了中央领导同志关于"12.29"等5起事件的批示要求，接着宣布了住房城乡建设部对发生事故的地区要采取的四项措施：

图 3.1-1 紧急会议现场

（1）发生死亡5人以上事故，住房城乡建设部将赴事故现场了解情况，并召开新闻发布会通报事故情况。

（2）对发生较大及以上事故的责任企业，一年内不得承接新的工程项目。

（3）对事故频发、造成恶劣影响的地区，住房城乡建设部责令当地主管部门在一定范围内开展停工检查，切实消除隐患后方可复工。

（4）住房城乡建设部将对每起较大及以上事故的查处工作进行挂牌督办，督办是否符合时限要求、督办是否合法合规、督办是否处罚到位。对事故的查处情况，将在中国建设报上曝光。

2. 会议提出的"四点要求"

（1）进一步提高对建筑施工安全生产工作重要性的认识，各地住房城乡建设主管部门主要负责同志是第一责任人，必须建立健全安全监管责任体系，严格履行安全监管职责。

（2）认真分析事故的深层次原因，对症下药，采取有针对性的措施防范类似事故发生，当前重点要解决安全管理松弛、安全责任不清、教育培训不到位等问题。

（3）依法依规、从严从快查处事故责任单位和责任人，坚决扭转当前安全生产被动局面。

（4）全面开展安全隐患排查，切实消除各类隐患，确保建筑施工安全。

3.1.2 法律法规引用之生产安全事故报告和调查处理条例

根据生产安全事故造成的人员伤亡或者直接经济损失，生产安全事故分为以下等级：

（1）特别重大生产安全事故：是指造成 30 人及以上死亡，或者 100 人及以上重伤，或者 1 亿元及以上直接经济损失的事故。

（2）重大生产安全事故：是指造成 10 人及以上 30 人以下死亡，或者 50 人及以上 100 人以下重伤，或者 5000 万元及以上 1 亿元以下直接经济损失的事故。

（3）较大生产安全事故：是指造成 3 人及以上 10 人以下死亡，或者 10 人及以上 50 人以下重伤，或者 1000 万元及以上 5000 万元以下直接经济损失的事故。

（4）一般生产安全事故：是指造成 3 人以下死亡，或者 10 人以下重伤，或者 1000 万元以下直接经济损失的事故。

3.2 事故现场、处理、原因分析

3.2.1 光山县"12·19"模板支架坍塌事件

1. 事故简要

2014 年 11 月初，幸福家园小区 2 号楼 1 号商铺楼开工，12 月 8 日开始搭设一层梁柱模板支架。12 月 19 日下午，施工人员在一层梁板、柱混凝土浇筑基本完成时，发现模架部分柱子发生倾斜。项目负责人吕某、木工负责人李某立即组织人员对模架加固，增设剪刀撑。16 时 30 分左右，模板支架突然整体坍塌，造成现场正在加固的施工人员被埋。最终确认死亡 5 人、受伤 9 人。图 3.2-1 和图 3.2-2 为人员搜救图。

图 3.2-1　坍塌事故现场—搜救人员　　　　图 3.2-2　坍塌事故现场—挖掘机正抢救人员

2. 项目单位及负责人

工程建设单位为某城镇建设开发公司，项目实际控制人为胡某，投资人为胡某及其合伙人，与该开发公司为挂靠关系。项目经理为桂某，实际承包人为朱某。朱某又将该工程安排给自然人吕某组织施工。

3. 专家分析事故原因及细节

专家调查内容见图 3.2-3。

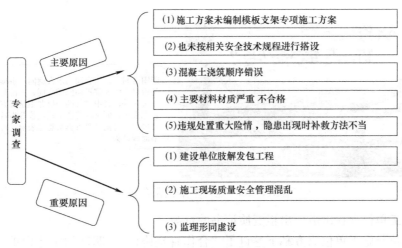

图 3.2-3　专家调查分析表

（1）未编制专项施工方案

该商铺楼模板支架系统为危险性较大的分部分项工程，按照规定应编制专项施工方案按照方案施工，但施工方没有组织相关人员进行编制。

（2）违规搭设模板支架

施工人员仅凭经验随意搭设模板支架，也未按规定设置剪刀撑。直至浇筑混凝土后发现架体倾斜后才匆忙加设，但为时已晚。

（3）混凝土浇筑顺序错误

施工方浇筑混凝土时，未按照相关标准规范规定的先梁后板及由中央向两侧对称分步浇筑的原则，而是违规采取由一侧向另一侧推进的浇筑方法。由于两侧模架承载不平衡，从而导致架体发生倾斜。

（4）违规处置重大险情

该工程当出现模板支架明显倾斜的重大险情时，施工方不是立即疏散人员、报上级处理，而是采取机械推顶、冒险钻进架体下增设剪刀撑甚至采取拆除柱脚模板的错误方法进行补救，导致多名作业人员伤亡。

（5）主要材料材质严重不合格

钢管扣件等主要材料材质质量严重不合格，钢管壁厚现场实测多数仅为 2.2、2.5mm，严重违反规范要求的最小壁厚不得小于 3.24mm 的规定。相当一部分扣件破坏形式不是变形而是直接断裂，扣件的质量存在隐患。

4. 督察组现场取证

督察组通过调阅材料、现场勘验、讯问取证等多种手段，发现该项目市场行为十分混乱，令人触目惊心。

（1）建设单位存在违法发包的行为

建设单位虽然按相关规定将工程分为 4 个标段进行了发包，但是建设单位与施工单位签订了"阴阳合同"，见图 3.2-4，将该工程分成 7 个标段，分别发包给不具有相应资质的自然人，其中发生垮塌事故的 2 号楼配楼工程由自然人朱某承揽。

阴阳合同：是指合同当事人就同一事项订立两份以上的内容不相同的合同，一份对内，一份对外，其中对外的一份并不是双方真实意思表示，而是以逃避国家税收等为目的；对内的一份则是双方真实意思表示，可以是书面或口头

图 3.2-4 违规操作-阴阳合同

（2）施工单位存在出借、出租资质证书的行为

建设单位与施工单位双方私下签订了"合作管理协议"，明确约定建设单位利用施工单位资质，并向施工单位缴纳管理费 50 万元，施工单位仅向该工程派驻 2 名质量安全人员。同时，工程款直接由建设单位支付给实际承包工程的自然人，见图 3.2-5、图 3.2-6。

图 3.2-5 企业资质

图 3.2-6 资质挂靠

（3）劳务分包及劳务用工不规范

由于实际施工均为自然人，因此，施工现场的作业人员均是由自然人临时雇佣的社会零散用工。

（4）建设单位涉嫌存在挂靠行为

经查，自然人廖某、胡某等 5 人合伙出资，以×××建设开发公司的名义购买土地。同时，廖某、胡某与建设开发公司签订了工程项目承包协议书，约定某、胡某向×××建设开发公司支付管理费，以幸福花园项目部的名义开展有关活动，并承担建设过程中一切法律责任，由×××建设开发公司协助办理有关手续。

3.2.2　"12·29 清华附中事故"

1. 事故简要

2014 年 12 月 29 日 8 点 20 分左右，清华附中一在建工地底板钢筋倒塌事故，倒塌底板为昨日绑扎好的，上下层间距大约 1.5m。此次事故直接造成在现场作业的 10 名工人死亡，4 人受伤。案发后直接事故责任人已被公安机关控制。

呈 L 型的工地，位于清华附中校园的南部。工地分 A 栋体育馆、B 栋宿舍楼两部分，其中体育馆地下 2 层、地上 5 层，建筑面积约 19800m²。名目击工人表示，事发地位于体育馆工地的北边。10 名死者为现场的 7 名钢筋工和 3 名水电工，部分死者家属已于事发上午赶到学校门口等待消息。事故坍塌现场见图 3.2-7。

图 3.2-7　事故坍塌现场

2. 事故后紧急会议

（1）住房城乡建设部事后召开紧急会议，会议传达了中央领导同志关有于 12.29 事件的批示，并在此次会议上宣布"四项措施"和"四点要求"。

（2）住房城乡建设部不仅通报了此事而且将市、区住建委组成 100 个检查组对全市在施工程进行为期 1 个月的建筑工程施工安全大检查。各单位要全面开展施工现场安全质量隐患的排查，发现隐患应立即整改，整改合格、填写《安全质量隐患整改情况记录表》并由相关负责人及企业法人签字确认后方可复工。这份表格同时还要报工程所在地区县住建委备案。

（3）检查重点：大体量钢筋绑扎、大体积混凝土浇筑、大跨度钢结构及预制混凝土构件安装、危险性较大的分部分项工程（深基坑、模板支撑体系、建筑起重机械等）。检查劳务人员的培训是否合格，是否存在违法分包、转包等行为；工程相关人员是否有安全生产考核合格证书、特种作业人员是否持有证件。

3. 原因分析

（1）支撑架体系

支撑体系采用的是撑架未设置横向的剪刀撑。底板上部钢筋堆积过多，支撑体系的承载力不够。租赁的钢管和木方在壁厚和规格上有不合格。

（2）违规操作

底板钢筋间距 1.5m 高，上下两层钢筋架存在同时施工，且交叉作业，违反了施工程序。

（3）未编制合理的施工方案和施工流程

此工程涉及危险性较大的分部分项工程，未进行专家论证。同时存在施工单位和监理有监管不当的责任。

3.2.3　云南文山"2·9"模板坍塌事件

1. 事故简要

2015 年 2 月 9 日，云南省文山州职教园区学生活动中心工程发生一起高支模坍塌事

图 3.2-8　官兵现场抢救中

故，造成 8 人死亡、7 人受伤。事故发生后，住房城乡建设部领导高度重视，并指示有关司局按照全国建筑施工安全生产电视电话会议提出的事故处理"四项措施"要求迅速组成事故督察组，于 2 月 10 日连夜赶赴云南省文山州事故现场，调查了解事故有关情况。官兵现场抢救中见图 3.2-8。

2. 事故项目简介

事故项目云南省文山州职教园区学生活动中心，总建筑面积 1 万 m^2，总投资 3500 万元，四层全框架结构。施工单位项目经理是张某，监理单位项目总监是普某。

3. 事故发生原因

（1）直接原因

施工单位未按规定对模板支架专项施工方案进行专家论证，违反相关安全技术规程随意搭设模板支架，混凝土浇筑顺序错误、现场实测钢管壁厚及扣件等材质严重不合格。

（2）间接原因

建设单位不履行基本建设程序，主体责任不清，施工现场质量安全管理混乱以及监理履职不到位。另外，该工程在质量安全管理和建筑市场方面还存在一些违法违规行为。

3.2.4　贵阳国际会议展览中心垮塌事件

1. 事故简要

2010 年 3 月 14 日上午 11：30，金阳新区贵阳国际会议展览中心工程 B2 与 C2 展览厅之间的连廊工地，正在进行浇筑连廊柱和梁板时，模板支撑体系发生局部垮塌。事故共导致 9 人死亡，19 人受伤，直接经济损失 478 万元。该模板支撑系统高度 8.9m，属高大模板支撑体系。坍塌模型示意图见 3.2-9，事故现场见图 3.2-10～图 3.2-12。

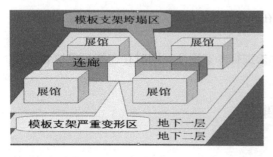

图 3.2-9　坍塌模型示意图

图 3.2-10　事故现场

图 3.2-11　事故现场　　　　　　　　　图 3.2-12　事故现场-混乱

2. 事故原因分析

（1）直接原因

1）现场搭设的模板支撑体系未按照专项方案进行搭设，立杆和横杆间距、步距等不满足要求，扫地杆设置严重不足水平垂直剪刀撑设置过少。

2）混凝土浇筑时违反《高支撑施工方案》规定，施工工艺没有按照先浇筑柱，后浇筑梁板的顺序进行，采取了同时浇筑的方式。

（2）间接原因

1）施工方安全生产制度不落实、现场管理混乱、盲目赶抢工期、违规违章作业。

① 施工中未将模板支撑体系专项搭设方案及专家评审意见贯彻落实到施工一线，在搭设模板支撑体系时未按照方案进行搭设。

② 浇筑区域的模板支撑体系在浇筑前未进行验收。

③ 项目技术负责人、项目总监未确认现场是否具备混凝土浇筑条件；未签署混凝土浇筑令，施工单位就开始浇筑施工；浇筑时未按《高支模施工方案》规定先浇筑柱后浇筑梁板，采取了同时浇筑的方式，浇筑过程中未设专人负责检查。

④ 安全管理人员配置数量不足。

⑤ 违规使用不具备资质的劳务队伍。

⑥ 违规上下交叉重叠作业。

2）监理方未能履行职责。

① 对施工单位梁板柱同时浇筑的违规作业行为，未能发现并制止；

② 对施工单位逾期未整改的安全隐患情况没有及时向建设单位报告。

3）众磊商用混凝土公司违规操作。

安全教育、安全技术交底不到位，混凝土输送管未单独架设，从内架穿过与架体联为一体，致使高支模荷载增加。

3. 事故性质、责任认定及对事故责任者的处理

根据《生产安全事故报告和调查处理条例》第三十七条、第三十八条规定：属于较大生产安全责任事故。《安全生产违法行为行政处罚办法》第四十四条规定；《安全生产领域违法违纪行为政纪处分暂行规定》第十二条规定。

（1）对事故责任单位的处罚

1）对施工单位：处 49 万元罚款，降低企业资质处罚。

2）对监理公司：处 30 万元罚款。

3）对商用混凝土公司：处 30 万元罚款。

4）对劳务公司：降低企业资质的行政处罚。

5）对建筑管理部门：全市通报批评，向市政府写出深刻检查。

（2）对事故责任人的责任认定及处理

施工单位 10 个责任人：

1）对总经理、副总经理、总工程师，分别处 5.6 万元～0.9 万元罚款；对项目部项目经理、技术负责人、生产经理、安全部负责人、安全员，均撤销其安全生产有关的执业资格、岗位证书、各处 0.9 万元罚款；对项目部工段长，移送司法机关处理；对质检员，留用察看处分，撤销其安全生产有关的执业资格、岗位证书、处 0.9 万元罚款。

2）劳务队 3 个负责人：对总负责人、现场负责人、现场工长，均移送司法机关处理。

3）商用混凝土公司 2 个负责人：对公司常务副总、生产调度经理，分别处 4.2 万元、0.9 万元罚款。

4）监理公司 5 个责任人：分公司总经理、总监理工程师处、片区总监理工程师、安全监理组组长、现场安全监理员，分别处 4 万元～0.9 万元罚款。

5）建设单位责任人：总经理助理、项目负责人，处 8.3 万元罚款。

6）监管单位 3 个责任人：站长给予警告，安监组长、安监员给予留用察看处分。

3.2.5 北京西西工程 4 号地高大厅堂顶盖模板支架垮塌事件

1. 案例简介

2005 年 9 月 5 日晚 10 时 10 分左右，北京西西工程 4 号地高大厅堂顶盖模板支架在浇注接近完成时发生整体垮塌，酿成死亡 8 人、伤 21 人的较大伤亡事故。施工平面图见 3.2-13，现场见图 3.2-14。

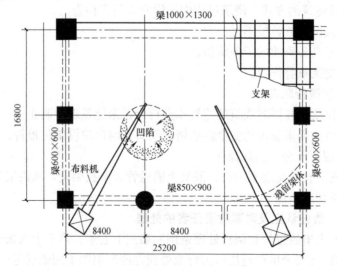

图 3.2-13 北京西西工程施工平面和破坏起始位置

2. 事故项目简介

北京西西工程 4 号地项目垮塌部分中庭顶盖 16.8m，长 25.2m，处于地上 1～5 层，总高 21.8m。顶盖为支于四周框架梁上的预应力现浇空心楼板，厚度 550mm，顶板面积为 423.36m²，混凝土总量 198.6m³（约 480t 重）。模板采用的是扣件钢管支架搭设，基本架体间距为 1200mm×1200mm，步高 1500mm，顶部插入可调托。在中庭相邻三边楼盖均无浇筑情况下，临时改变先浇筑中庭顶盖，在浇筑接近完成时发生整体垮塌。

图 3.2-14　现场事故

3. 事故原因分析

（1）直接原因

1）模板支架搭设质量很差：如个别节点无扣件连接、扣件螺栓拧紧扭力矩普遍不足、立杆搭接或支撑于水平杆上、缺少剪刀撑、步距超长等；从周边模板支架搭设质量看，缺少扫地杆、顶部自由端超长、横杆随意缺失等搭设质量问题随处可见，见图 3.2-15。

2）现场搭设模板支架中使用的钢管杆件、扣件、顶托等材料存在质量缺陷，是事故产生的原因之一，见图 3.2-16、图 3.2-17。

图 3.2-15　支模体系问题

图 3.2-16　支模体系问题

（2）间接原因

1）施工单位在模板施工中不按专项施工方案，未履行审批手续就违章指挥施工，缺乏现场安全监督、技术交底、隐患整改等管理环节，最终导致这起重大事故的发生。

钢管、扣件材料存在质量缺陷

西西工程中庭临边部位支架变形

西西工程相应地下结构的支架受损与变形情况

图 3.2-17　支模体系受力变形

2）监理单位在对该工程实施监理时，不按法规规定认真对模板专项施工方案审核查验，对在模板方案未审批就开始施工的行为不予制止。

4. 事故处理结果

（1）对事故责任单位的处罚

1）施工单位降低一级施工企业资质。对其单位总经理王某处 10 万元罚款。

2）建设部对监理单位降低一级建设监理资质。

3）河北省建设厅对施工单位安全生产许可证实施处理。

4）取消施工单位在北京建筑市场招投标资格 12 个月。责成立即对其在北京市所属的施工项目全面停工整顿。

5）取消监理单位在北京市投标资格 12 个月。

（2）对事故责任人的处罚

西西工程 4 号地工程项目部土建工程师李某、项目部总工杨某和项目部经理胡某，在该方案尚未批准的情况下，便要求劳务队按该方案搭设模板支架；杨某明知模板支架施工设计方案存在问题，但其对违反工作程序的施工搭建行为未采取措施，从而使模板支撑体系存在严重安全隐患；胡某在模板支架施工方案未经监理方书面批准且支架搭建工程未经监理方验收合格的情况下，违反程序进行混凝土浇筑作业；根据以上事实，终审判处李某有期徒刑四年，杨某、胡某有期徒刑三年六个月。

吕某和吴某分别是监理单位驻 4 号地项目总监理工程师和项目监理员，吕某、吴某未按规定履行职责，在明知模板支架施工设计方案未经审批、已搭建的模板支架存在严重安全隐患的情况下，默许项目部进行模板支架施工；且在施工方已进行混凝土浇筑的情况下，不予制止，分别判决吕某、吴某有期徒刑三年。

3.2.6　南京 "10·25" 事件

1. 案发事故简介

2000 年 10 月 25 日上午 10 时 10 分，南京三建（集团）有限公司（以下简称南京三建）承建的南京电视台演播中心裙楼工地发生一起重大职工因工伤亡事故。大演播厅舞台在浇筑顶部混凝土施工中，因模板支撑系统失稳，大演播厅舞台屋盖坍塌，造成正在现场施工的民工和电视台工作人员 6 人死亡，35 人受伤（其中重伤 11 人），直接经济损失 70.7815 万元，见图 3.2-18～图 3.2-20。

南京电视台演播中心工程工程概况：
地下二层、地面十八层，建筑面积34000m²，采用现浇框架剪力墙结构体系。工程开工日期为2000年4月1日，计划竣工日期为2001年7月31日。工地总人数约250人，民工主要来自南通、安徽、南京等地

演播中心工程大演播厅总高38m(其中地下8.70m，地上29.30m)。面积为624m²

图 3.2-18　事故现场

2. 工程进度经过

7 月 22 日开始搭设大演播厅舞台顶部模板支撑系统，由于工程需要和材料供应等方面的问题，支架搭设施工时断时续。搭设时没有施工方案，没有图纸，没有进行技术交底。由项目部副经理成某决定支架三维尺寸按常规（即前五个厅的支架尺寸）进行搭设，由项目部施工员丁某在现场指挥搭设。搭设开始约 15 天后，上海分公司副主任工程师赵某将"模板工程施工方案"交给丁某。丁某看到施工方案后，向成某作了汇报，成海军答复还按以前的规格搭架子，最后再加固。

模板支撑系统支架由某劳务公司组

双向预应力梁井式屋盖平面尺寸，24×26.8m，大梁宽500mm，高1600～1800mm，屋盖板厚度130mm。钢管扣件排架支模，梁底支模高度达36m，（地下室两层，高度为−8.7m）

图 3.2-19　预应力梁井式屋盖

织进场的朱某工程队进行搭设（朱某是南京标牌厂职工，以个人名义挂靠在南京三建江浦劳务基地，6 月份进入施工工地从事脚手架的搭设，事故发生时朱某工程队共 17 名民工，其中 5 人无特种作业人员操作证），地上 25～29m 最上边一段由木工工长孙某负责指挥木

在大演播厅舞台支撑系统支架搭设前，项目部按搭设顶部模板支撑系统的施工方法，完成了三个演播厅、门厅和观众厅的施工(都没有施工方案)。

2000年1月，南京三建上海分公司由项目工程师茅某编制了"上部结构施工组织设计"，并于1月30日经项目副经理成某和分公司副主任工程师赵某批准实施

图 3.2-20　事故现场

工搭设。10 月 15 日完成搭设，支架总面积约 624m²，高度 38m。搭设支架的全过程中，没有办理自检、互检、交接检、专职检的手续，搭设完毕后未按规定进行整体验收。

10 月 17 日开始进行支撑系统模板安装，10 月 24 日完成。23 日木工工长孙某向项目部副经理成海军反映水平杆加固没有到位，成某即安排架子工加固支架，25 日浇筑混凝土时仍有 6 名架子工在加固支架。浇筑现场见图 3.2-21。

自10月25日6时55分开始浇筑混凝土，用两台混凝土泵同时向上输送(输送高度约40m，泵管长度约60m)。到事故发生止，输送至屋面混凝土约139m³，重约342吨，占原计划输送屋面混凝土总量的51%

10月25日浇筑现场：有混凝土工工长1人，木工8人，架子工8人，钢筋工2人。混凝土工20人以及南京电视台3名工作人员(为拍摄现场资料)等

图 3.2-21　浇筑现场

3. 事故原因分析

（1）直接原因

直接原因详见图 3.2-22～图 3.2-24 及图内文字。

综合立杆底部无扫地杆、步高大的达 2.6m，立杆存在初弯曲等因素，以及输送混凝土管有冲击和振动等影响，使节点区域的中间单立杆首先失稳并随之带动相邻立杆失稳，出现大厅内模板支架系统整体倒塌。屋顶模板上正在浇筑混凝土的工人纷纷随塌落的支架和模板坠落，部分工人被塌落的支架、楼板和混凝土浆掩埋。

（2）间接原因

10时10分，当浇筑混凝土由北向南单向推进，浇至主次梁交叉区域时，该区域的1m² 理论钢管支撑杆数为6根，由于缺少水平连系杆，实际为3根立杆受力

梁底模下木方呈纵向布置在支架水平钢管上，使梁下中间立杆的受荷过大，个别立杆受荷最大达4t多

图 3.2-22　坍塌现场

架子底部步高约1.8m，在地坑处步高达2.6m

三维尺寸过大，纵横方向均未设置扫地杆

图 3.2-23　残存支架现场

1）施工组织管理混乱，安全管理失去有效控制，模板支架搭设无图纸，无专项施工技术交底，施工中无自检、互检等手续，搭设完成后没有组织验收；搭设开始时无施工方案，有施工方案后未按要求进行搭设，支架搭设严重脱离原设计方案要求、致使支架承载力和稳定性不足，空间强度和刚度不足等是造成这起事故的主要原因。

2）施工现场技术管理混乱，对大型或复杂重要的混凝土结构工程的模板施工未按程序进行，支架搭设开始后送交工地的施工方案中有关模板支架设计方案过于简单，缺乏必要的细部构造大样图和相关的详细说明，且无计算书；支

方案中大梁下立杆间距为@400mm，步高为900mm。但实际搭设时立杆的尺寸改为@1000mm，步距为1800mm

无扫地杆，相邻的连续5根立杆的钢管接头对接在同一高度，未见设置剪刀撑

图 3.2-24　立杆支撑

架施工方案传递无记录，导致现场支架搭设时无规范可循，是造成这起事故的技术上的重要原因。

3）工苑监理公司驻工地总监理工程师无监理资质，工程监理没有对支架搭设过程严格把关，在没有对模板支撑系统的施工方案审查认可的情况下即同意施工，没有监督对模板支撑系统的验收，就签发了浇捣令，工作严重失职，导致工人在存在重大事故隐患的模板支撑系统上进行混凝土浇筑施工，是造成这起事故的重要原因。

4）在上部浇筑屋盖混凝土情况下，民工在模板支撑下部进行支架加固是造成事故伤亡人员扩大的原因。

5）南京三建及上海分公司领导安全生产意识淡薄，个别领导不深入基层，对各项规章制度执行情况监督管理不力，对重点部位的施工技术管理不严，有法有规不依。施工现

场用工管理混乱，部分特种作业人员无证上岗作业，对民工未认真进行三级安全教育。

6）施工现场支架钢管和扣件在采购、租赁过程中质量管理把关不严，部分钢管和扣件不符合质量标准。

7）建筑管理部门对该建筑工程执法监督和检查指导不力；建设管理部门对监理公司的监督管理不到位。

综合以上原因，调查组认定这起事故是施工过程中的重大责任事故。

4. 事故处理结果

（1）施工单位项目部副经理成某具体负责大演播厅舞台工程，在未见到施工方案的情况下，决定按常规搭设顶部模板支架，在知道支架三维尺寸与施工方案不符时，不与工程技术人员商量，擅自决定继续按原尺寸施工，盲目自信，对事故的发生应负主要责任，司法机关追究其刑事责任。

（2）监理公司驻工地总监韩某，违反"南京市项目监理实施程序"第三条第二款中的规定没有对施工方案进行审查认可，没有监督对模板支撑系统的验收，对施工方的违规行为没有下达停工令，无监理工程师资格证书上岗，对事故的发生应负主要责任，司法机关追究其刑事责任。

（3）南京三建上海分公司南京电视台项目部项目施工员丁某，在未见到施工方案的情况下，违章指挥民工搭设支架，对事故的发生应负重要责任，建议司法机关追究其刑事责任。

（4）朱某违反国家关于特种作业人员必须持证上岗的规定，私招乱雇部分无上岗证的民工搭设支架，对事故的发生应负直接责任，司法机关追究其刑事责任。

（5）施工单位经理兼项目部经理史某负责上海分公司和电视台演播中心工程的全面工作，对分公司和该工程项目的安全生产负总责，对工程的模板支撑系统重视不够，未组织有关工程技术人员对施工方案进行认真的审查，对施工现场用工混乱等管理不力，对这起事故的发生应负直接领导责任，给予史某行政撤职处分。

（6）监理公司总经理张某违反建设部"监理工程师资格考试和注册试行办法"（第18号令）的规定，严重不负责任，委派没有监理工程师资格证书的韩某担任电视台演播中心工程项目总监理工程师；对驻工地监理组监管不力，工作严重失职，应负有监理方的领导责任。建议有关部门按行业管理的规定对监理公司给予在南京地区停止承接任务一年的处罚和相应的经济处罚。

（7）南京三建总工程师郎某负责三建公司的技术质量全面工作，并在公司领导内部分工负责电视台演播中心工程，深入工地解决具体的施工和技术问题不够，对大型或复杂重要的混凝土工程施工缺乏技术管理，监督管理不力，对事故的发生应负主要领导责任，给予郎某行政记大过处分。

（8）施工单位安技处处长李某负责三建公司的安全生产具体工作，对施工现场安全监督检查不力，安全管理不到位，对事故的发生应负安全管理上的直接责任，给予李某行政记大过处分。

（9）施工单位副总工程师赵某负责上海分公司技术和质量工作，对模板支撑系统的施工方案的审查不严，缺少计算说明书；构造示意图和具体操作步骤，未按正常手续对施工方案进行交接，对事故的发生应负技术上的直接领导责任，给予赵某行政记过处分。

（10）项目经理部项目工程师茅某负责工程项目的具体技术工作，未按规定认真编制模板工程施工方案，施工方案中未对"施工组织设计"进行细化，未按规定组织模板支架的验收工作，对事故的发生应负技术上重要责任，给予茅某行政记过处分。

3.2.7　南京江宁"9·1"事件

（1）事故简要

2004 年 9 月 1 日 22 点 48 分，江苏龙海建工集团南京分公司在江宁承建的江苏经贸职业技术学院现代教育中心 9～13 轴线间 6 楼屋面一条 16m 长的跨梁在实施混凝土浇筑施工中，支撑系统突然失稳，导致坍塌，5 死 17 伤。

（2）原因分析（见图 3.2-25、图 3.2-26）

立杆长细比过大，模板支撑系统整体刚度严重不足而造成失稳坍塌

无施工方案，无计算书，无专家论证，无书面交底，无验收

图 3.2-25　模板支撑问题（一）

另一方向无水平杆

现场无扫地杆、无剪刀撑、未与东西向主体结构有效拉结，造成造成该高支模架承载能力下降

图 3.2-26　模板支撑问题（二）

3.2.8　南京河西中央公园工程事件

（1）事故现场（见图 3.2-27）

（2）事故原因（见图 3.2-28、图 3.2-29）

地下室的顶板厚400mm，柱帽处局部板厚1000mm，地下两层，负一层支模高度为6m。柱和板的混凝土一次性浇筑　死1人

图 3.2-27　事故现场

水平杆的搭设每步高处仅为单向设置，扫地杆未设，纵向剪刀撑未设

图 3.2-28　模板支撑

搭设的支架水平杆严重不足，查看现场的残存支架，基本架体尺寸为双向1m×1m，步高1.8m。水平杆的搭设每步高处仅为单向设置，但上下步高处为相互正交。由此，将正常的立杆承载力计算长度加大一倍，导致6m高的钢管支撑接近极限承载力

搭设的构造不全，扫地杆未设，纵向剪刀撑未设。在泵送混凝土管给予初始水平冲击力下，整体支架的抗水平力严重不足，出现了支架的连片倾斜倒塌

图 3.2-29　支撑搭设不全、受冲击力大

3.2.9　广西大图书馆演讲厅坍塌事件

（1）事故简介

2007 年 2 月 12 日，广西医科大学图书馆二期工程演播厅屋面混凝土浇筑时，屋面模板支撑体系突然坍塌，坍塌高度 24m，坍塌面积 450m^2，14 名工人坠下，造成 7 人死亡，7 人受伤。

（2）事故发生前项目部施工经过

"演讲厅高支模专项施工方案"，由项目部技术负责人梁某编制完成后，梁某于 2007 年 1 月 15 日将"施工组织设计（方案）报审表"交由项目经理李某签字"报送监理审批"。同日，张某在专业监理工程师审查意见栏内签名"同意按此方案施工"，宾某在总监理工程师审核意见栏内签名，但该方案并没有按国家有关规定，组织专家进行论证和审查。

模板支架搭设、模板安装和钢筋架安装相继完成后，项目部都没有组织验收。监理人员张某也发现了立杆间距离及步距不符合施工方案要求、未做剪刀撑、水平拉杆未与立柱连接等问题，但他没有向项目监理总工程师汇报，没有采取强制性措施制止，也没有向上级有关部门汇报。监理组在上述施工过程中，严重失职，为二期工程事故发生埋下了重大事故隐患。

（3）事故原因分析（见图 3.2-30、图 3.2-31）

（4）事故处理结果（见图 3.2-32）

3.2.10　共享空间 21m 高支模系统坍塌事件

1. 事故简介

长沙上河国际商业广场 B 区东部裙楼中庭部位浇注顶盖混凝土时，因模板支撑系统失稳，导致约 21m 高的整个支模系统坍塌，造成 8 人死亡、3 人受伤。该工程由某建设集团有限公司承建，某建设工程监理有限公司监理。事故现场见图 3.2-33。

2. 工程事宜及人员简介

2007 年 1 月 2 日，由某建设集团有限公司包工包料承建上河国际商业广场 B 区的建

主要原因：1)《演讲厅高支模专项施工方案》，并未按有关法律法规的要求，组织专家进行论证和审查，存在一系列重大原则性错误。
2)在二期工程演讲厅舞台盖屋高大模板支架搭设前，施工单位未召开技术交底会对施工人员进行专项施工技术交底

直接原因：未设置水平剪刀撑和横向剪刀撑，纵向剪刀撑严重不足；连墙件的数量和设置方式未达到要求，严重违反了《建筑施工扣件式钢管脚手架安全技术规范》，致使模板支架整体不稳定

3)模板搭设完成后，未组织验收，未取得工程监理组同意就进行混凝土浇注

图 3.2-30　坍塌大楼

图 3.2-31　事故营救现场

事故定性：该事故是一起因施工单位项目负责人、技术负责人、施工管理人员有章不循，有法不依，未履行法定职责，有关监理人员严重失职而导致的重大安全生产责任事故

涉及该事故的9名责任人和3家责任单位，已分别受到处罚

图 3.2-32　事故处理结果

设工程。沈某作为建设单位副总经理，主管工程建设。

2008 年 3 月 10 日，上河国际商业广场 B 区主体工程完工并通过验收。因招商需要，沈某提出改变 B 区东、西天井顶盖的设计，希望将原设计的钢化玻璃结构天井顶盖改为混凝土结构，并得到了公司办公会的同意。

2008 年 3 月初，沈某通知该公司总工程师钟某办理天井顶盖的变更事宜，后委托深圳某建筑设计公司进行变更设计。

图 3.2-33　事故坍塌现场

在该建筑公司设计未签字盖章的情况下，设计图被天润公司取回，经钟某审定后交给上河国际商业广场 B 区项目部。

2008 年 3 月中旬，张某等开始组织施工，并组建两个木工班组分别搭建裙楼东西两侧天井盖的支模架。陈某应张某的要求承接东天井支模架搭设的劳务承包，并安排无支模架搭设资质的郭某带领同样没有资质的木工进行作业，李某、谭某具体负责技术、组织施工及安全监督，因主体工程完工后原工程监理员调离，没有监理资质的姜某实际履行监理员职责。

3. 事故原因分析

（1）擅自变更并未编制专项施工方案

经调查，该工程建设单位擅自将中庭顶盖由轻钢网架结构（见图 3.2-34）更改为钢筋混凝土结构，施工单位未按规定指定和实施有效的专项施工方案，监理单位未履行安全生产监理责任。

（2）支模体系不稳固、擅自浇筑混凝土

2008 年 4 月 30 日上午 8 时，在没有混凝土浇筑令的情况下，上河国际 B 区项目部的裙楼东天井盖现浇钢筋混凝土屋面开始施工，12 时 14 分许，工人们发现，混凝土浇筑现场北侧有 10～20cm 的下沉，支模架已经发生变形。浇筑模型图见 3.2-35。

图 3.2-34　轻钢网架结构

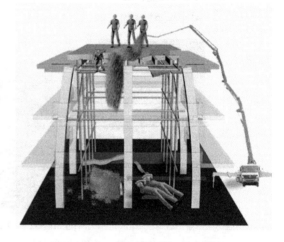

图 3.2-35　高支模浇筑现场坍塌模型

4. 事故处理结果

张某作为上河国际 B 区项目经理，明知施工人员无支模架搭设资质仍要其施工，对事故的发生应负直接的领导责任。李某为 B 区项目部的技术负责，不按程序拟定了超高支模架交底说明，在发现纵横向水平杆未满设的情况，未及时进行报告整改。谭某为 B 区项目部东天井的施工负责人，擅自组织施工，在事发前未组织施工人员及时撤离，并违章指挥施工人员冒险作业。

陈某为 B 区项目部木土承包人，明知郭某无支模架搭设资质和经验的情况下，仍安排其带班搭设支模架，行为监督管理不力，并未及时要求其进行整改。郭某为 B 区项目部木工组组长，明知自己无支模架搭设资质，仍带班进行作业，并违反操作规程和技术交底，搭设的高支模架不符合规范。张某为项目的总监代表，对施工单位未编制工程施工组织设计擅自施工的行为不加制止，未督促整改，安排无资质监理，负直接责任。

3.2.11 陕西宝鸡市法门寺工程模板坍塌事件

1. 事故简介

2008年3月13日10时10分左右，宝鸡市扶风法门寺合十舍利塔正圣门东A区高大厅堂楼盖，支模高度20.5m，在浇筑至板中间部位时，突然发生坍塌，造成正在作业浇筑混凝土的8名施工人员和1名在架体下方巡查人员被埋压，造成4人死亡，5人受伤。直接经济损失约150万元。

2. 工程项目简介

法门市合十舍利塔正圣门东A区建筑为单层框架钢筋混凝土结构，东西宽21m，南北长为28m，梁板高为20.5m，混凝土总量为300m³，重720t，发生事故

图3.2-36 法门寺工程模板坍塌事故现场

时混凝土已浇筑260m³。而此工程采用扣件式钢管满堂脚手架作为梁板支撑系统。

3. 事件原因

（1）直接原因

没有按照施工方案进行搭设。立杆间距设计为1500mm，实际搭建多为1030～1820mm，最大间距为2020mm，横杆步距设计为1500mm，实际搭建为1560～1750mm。

架体底部垫板设计为60mm×80mm方木。实际采用的是50mm×70mm方木，最为严重的是整个架体均未设置剪刀撑。

（2）间接原因

1）隐患整改不力。项目部安全员在事发前检查中发现有模板支撑立杆间距过大，缺少剪刀撑，扣件质量不合格等明显隐患，却没有跟踪且隐患没有得到及时的整改。

2）安全生产培训教育缺失。据调查发现，从事脚手架搭设作业的人员没有特种作业资格证。事故伤亡的9名的劳动人员未经过任何相关业务培训和安全教育就直接上岗。

3）施工管理混乱。项目部发现模板支撑系统未按施工方案搭设，要求劳务队整改，但隐患没消除，架体搭设还没进行验收，为赶工期便急于浇筑混凝土，才致此惨案。

4）监理监督不到位。据调查发现，现场两名监理人员均为监理工程师证书。对支撑体系没有验收，存在隐患没有督促整改，混凝土浇筑没有履行"旁站"职责。

4. 事故认定

陕西省安全生产监督管理局根据事故原因和人员伤亡数量、直接经济损失等综合因素分析认定：宝鸡扶风法门寺合十舍利塔正圣门工程"3.13"建筑坍塌事故是一起生产安全较大责任事故。陕西安监局对于4个事故责任单位和9名事故责任人给予相应的党纪政纪处分和经济处罚。

3.2.12 襄阳市南漳县"11·20"事件

2013年11月20日18时20分，襄阳市南漳县金南漳国际大酒店新都汇酒店及附属商业用房建筑工地，发生一起高大模板支撑系统（以下简称"高支模"）坍塌事故，见图

图 3.2-37　事故现场

3.2-37。造成 7 人死亡，5 人受伤，直接经济损失约 550 万元。

1. 金南漳项目概况

南漳县金南漳国际大酒店新都汇酒店及附属商业用房项目（以下简称"金南漳项目"）位于南漳县凤凰大道 1 号，建设规模为兴建一栋 17 层客房式酒店及两栋设计为 23、24 层公寓式酒店，占地面积 17575m²，总投资 15000 万元。附属商业用房由原设计两栋 23、24 层变更为一栋 5 层裙楼，发生事故的地点位于 5 层裙楼内的天井，天井长 19.5m、宽 17m、高 29.8m（设计高 22.47m），天井原设计为轻钢网架玻璃结构顶棚，后由建设方擅自变更为钢筋混凝土顶板。天井的高大模板支撑系统施工没有严格遵循安全技术规范和专项方案规定，事故发生时天井顶板正在实施混凝土浇筑施工。

2. 事故原因

（1）事故直接原因

施工单位未编制高支模安全专项施工方案，模板搭设不能满足施工实际承载力需要，导致高支模先从大梁比较集中、施工荷载比较大的区域坍塌。

项目建设单位伪造规划部门文件，对原规划设计进行变更，增加商业用房天井部分，另则擅自变更建筑工程设计施工图纸，将天井原设计的轻钢网架玻璃结构顶棚更改为钢筋混凝土顶板。擅自增加天井高度（从 22.47m 增加至 29.8m），增加了建筑物荷载力和地基荷载。未制定高支模施工位移监控检测方案。

（2）事故间接原因

建设单位没有施工许可证就违法施工；擅自变更文件和建筑施工图纸；施工单位违法出借资质；施工项目部没有建立安全生产规章制度，没有开展班组安全技术交底，未落实安全施工措施，施工管理不到位。项目部负责人和管理人员资质、特种作业人员均无证上岗。

监理单位监督失控，未履行监理职责；没有对危险性较大专项施工方案提出编制和审查要求，搭设不合格的模板支撑不予以制止和报告，旁站不到位。

3. 事故责任追究

对建设单位总经理郭某；施工单位法人代表余某；施工单位负责人邹某，项目部负责人及安全员衡某；施工现场技术负责人赵某；架子工杜某；监理单位法人代表耿某；项目总监刘某共 8 人因涉嫌重大责任事故罪对其刑事拘留。

负责金南漳项目现场安全监督员张某；南漳县建设工程质量监督检测站副站长刘某；南漳县建筑装饰装修管理办公室副主任陈某共三人涉嫌玩忽职守罪，已立案侦查。

责成省住建厅依法依规对建设单位、施工单位、监理单位的资质做出处理，并将结果抄报省监察厅、省安监局。

4. 事故防范及整改措施建议

各地、各有关部门、各有关企业及相关人员认真学习贯彻习近平总书记关于安全生产的一系列重要讲话精神，加强组织领导，强化责任落实，深入开展安全生产大检查，促进建筑施工行业安全健康发展。做到以下四点：强化"红线"意识，坚持依法行政；严守法律底线，落实主体责任；强化监督管理，落实监管责任；加强安全培训，提升本质安全。

3.3　模板支撑架事故原因分析

3.3.1　支撑架材料

（1）发生高支模坍塌事故的模架材料大多数为钢管、扣件。施工方案采用标准扣件、钢管设计支模架，在工程中使用远低于国家标准规定重量、尺寸的劣质扣件、壁薄钢管，现场搭设的支模架的承载能力大为降低，这是事故发生的普遍原因。

（2）搭设模板支架钢管的存在问题：普碳钢管易锈蚀，严重的出现麻坑。租赁的钢管来路复杂，管壁严重不匀，从 2.6～4.0mm 不等，一般为 3.0mm。钢管管端经多次气割或电焊，端面严重不平整，用作立杆时，在对接扣件处有初弯曲，严重影响立柱承载力。扣件来源杂乱，质量不匀。劣质扣件进入施工现场。旧扣件的螺栓有滑丝，仍勉强使用。

3.3.2　支模架构造错误

（1）在软地面上搭设支撑架时，立杆底部未设垫板。

（2）无扫地杆或扫地杆不足。

（3）立杆接头在同一水平面上。

（4）扣件预紧力矩不足。

（5）立杆最高节点未采用双扣件。

（6）支模架结构节点未双向安装水平连接杆的，工地上为节省钢管、扣件的用量，各步交替方向设置水平拉杆的方法很普遍，采用该方法搭设的支撑架立杆的计算长度，在无水平杆方向上为两倍步距，因此承载能力大为下降，这在多起发生坍塌的支撑架的共同原因之一，如南京电视台演播厅屋盖。

（7）立杆顶部自由悬高尺寸太大；立杆顶部自由悬高尺寸超过一定数值时，立杆承受垂直荷载的能力大为下降，这是发生坍塌事故最重要的原因之一，甚至是事故发生的诱因，如案例北京西西 4 号地项目。

（8）无剪刀撑或剪刀撑太少的，这在事故原因中占最大比例，如在国内影响较大的案例南京电视台演播厅屋盖和广西医科大学图书馆二期事件。剪刀撑是支撑架结构刚度与承载能力的主要保证措施，相关行业标准在架体立面、水平面上均应设置；

（9）支模架与四周结构拉撑点偏少的，拉撑点少导致支撑架的结构刚度降低，是造成事故的重要原因，如事故：南京电视台演播厅屋盖、上海提桥纺染公司厂房事件、沈阳东陵区某办公楼事件、江苏省商业管理干部学院现代教育中心连廊事件等。

3.3.3　管理不善

（1）未编制施工方案的，或者对高大空间支撑体系的技术特性不熟悉，设计的支撑架三维尺寸偏大。

（2）施工方案未履行审批、交底程序。

（3）允许无架子工上岗证人员搭设支撑架。

（4）未按施工方案搭设支模架，或支模架结构三维尺寸过大。

（5）搭设完成未进行验收程序、无浇筑令即开始浇注。

3.3.4 施工工艺不当

（1）浇注顺序不当，导致支模架偏载、坍塌。

（2）泵管靠在支模架上，其振动摇晃支模架。

（3）屋盖混凝土浇筑中派遣工人在模板下加固架体，进行交叉作业，该工艺是严重违章行为，扩大了事故伤亡人数。

3.4 模板支撑架总结

3.4.1 支架施工设计方案与设计计算方面的问题

包括支架施工设计方案缺乏针对性；荷载计算有误或考虑不周；模板支架搭设不规范，构造不全如现场无扫地杆、无剪刀撑、缺水平杆、未与主体结构有效拉结等。

3.4.2 施工组织管理方面的问题

不按规范和专项施工设计方案进行施工，如扣件螺栓拧紧扭力矩值，规范规定，不应小于 40N·m，且不应大于 65N·m，实际施工中大多在 20N·m，有的只有 10N·m，必然降低支架承载力。施工现场一线作业人员素质较低，存在技术交底和安全培训不到位，特别是新招的工人。安全责任制和检查责任制都不到位等。

3.4.3 施工器材质量方面的问题

主要指脚手架钢管和扣件的质量与管理问题。施工现场使用的钢管、扣件，生产许可证、产品质量合格证、检测证明等相关资料不全，一些施工器材的产品标识模糊不清。进场的钢管、扣件使用前，未按有关技术标准规定按次进行抽样送检。钢管材质难以保证。扣件合格率低。

3.4.4 专项施工管理把控不力

无专门施工方案、无计算书、无专家论证、无书面交底、无搭设验收、总监未发浇筑令即浇筑混凝土、监理未要求整改、发现浇筑混凝土未要求停工。

3.5 模板支架坍塌事故的技术安全责任、隐患分析

3.5.1 技术安全责任认定

可以说，任何一起模板支架坍塌事故都有其技术原因和相关施工人员的工作责任。当

事故由以技术责任为主引起时，就会被定为技术责任事故。如北京西西工程的土建总工误认为立杆伸出长度不大于步距就可以，这是个"技术责任事故"。

目前对技术安全责任尚无明确的界定规定。一般说来，技术安全责任要求参照表3.5-1。当对由技术安全问题做为直接或主要原因引发的事故追究法律责任时，符合表3.5-2所述，将是追究相关人员技术安全责任的切入点。

方案和措施的技术安全要求　　　　　　　　　　　　　　　表 3.5-1

序号	相 关 要 求
(1)	符合现行标准的技术安全规定。当无相应或可参照的标准规定时,应通过专项试验、分析研究和专家论证确定可行的技术安全规定
(2)	符合工程及施工各阶段的实际情况,计验算项目及采用参数必须覆盖住实际存在与可能出现的最不利和危险的情况
(3)	计算式、荷载和调整系数的取用正确、无遗漏,计算过程无错误
(4)	对材料的规格和质量、设置与工作状态、构造和连(拉)结要求、施工工艺和使用条件、杆件变形和基地稳定等一切可能影响支架工作安全的控制事项,均有明确严格的限控指标、要求或措施
(5)	对危险的环节、部位、事项和因素有可靠的保险和保护措施,必要时应设监测或监护
(6)	对可能出现的隐患、异常情况与突发事态有全面和充分的考虑,有到位的应急处置和安全排险救助预案
(7)	有对各级相关人员技术安全责任和及时反馈情况的规定或要求
(8)	有对方案、措施实施情况的考察、记录、研究和总结要求

追究技术安全责任的切入点　　　　　　　　　　　　　　　表 3.5-2

序号	切 入 点
(1)	方案措施编制粗糙、内容欠缺,不具有操作性
(2)	方案措施严重脱离工程和施工实际情况,失去对施工的控制作用
(3)	方案措施中存在违反标准和规定的突出问题
(4)	方案措施中存在引发支架坍塌事故的不当设计和错误施工做法
(5)	在支架设计计算中存在影响安全的重要疏漏和错误
(6)	对缺少可靠依据的关键事项未做试验和论证,草率决定
(7)	没有全面、明确提出技术安全限控要求,使得施工未能进行相应的控制
(8)	对改变、调整方案措施的处置不当,招致新的问题出现
(9)	其他工作失职或缺陷所造成的隐患和事故因素

3.5.2　针对模板支架坍塌事故发生的关于原因和责任的思考

"施工安全，三分靠技术、七分靠管理"。这不是说技术只有"三分"的重要性，技术肯定要占"七分"以上。但是，再完善的技术和方案、措施，如果没有强有力的施工管理，不被认真执行，或者可以随意改变，也是难以起到它应有的保障作用。而技术管理又是施工管理的重要组成部分。

模板支架坍塌事故的发生，除前述技术及其原因外，还有多个其他方面的管理原因，特别应注意以下两个方面的问题：一是不顾安全的违规行为、工作决策与安排问题；二是对大量存在的"习惯性安全隐患"熟视无睹的问题。当以管理问题为主引发事故时，就是管理责任事故。

3.5.3 三大方面的安全事故表现

违规行为是违反现行建筑生产法律、法规、标准及企业各级安全规章的行为，它是滋生生产安全事故的温床；而不当的施工决策与工作安排问题，将会导致安全保证要求的降低、不安全因素的增加和不安全状态的出现，成为引发事故的直接、主要或重要原因。以项目经理为载体的安全工作隐患。详见表 3.5-3。

常见表现 表 3.5-3

方面	主要常见表现	
违规行为	1)违反现行法规、标准和规章 2)违规承包，层层转包，以包代管 3)没有施工方案或不经论证、审批 4)违章开(施)工，指挥和作业	5)不提供或不使用安全护品 6)未按安全要求进行交底、培训和教育 7)不进行或放松检查验收工作 8)无安全应急预案
不当的决策和安排	1)降低安全要求投标和承包 2)使用不具资质的队伍和人员 3)降低方案措施的安全保证要求 4)削减安全工作投入	5)决定使用不合格材料、机具和护品 6)不顾安全，强令赶工、抢工和交叉施工 7)随意改变施工方案和安排 8)对异常情况和突发事态做出错误处置
其他以经理为载体的安全工作隐患	1)存在对安全工作"讲起来重要，做起来次要，忙起来不要"的通病 2)侥幸思想，"经验"作怪，丧失安全警惕性和对隐患大量存在的危机感	3)时常会做出狠抓进度、效益而忽视安全要求的决定 4)长时间较少介入，对技术安全和设计计算变得生疏

3.5.4 习惯性安全隐患

"习惯性安全隐患"，就是长期存在于施工管理人员之中的，已变成习惯性做法、习以为常、熟视无睹的生产（施工）安全隐患。其在模板支架坍塌事故中的常见表现见表 3.5-4。从表中可以看出，习惯性安全隐患正是工程和技术安全管理工作存在问题的反映。

习惯性安全隐患常见表现 表 3.5-4

序号	常见表现	序号	常见表现
1	不编制方案，任由工人凭经验搭设	11	相接架体构架尺寸不配合，横杆不能拉通
2	按一般满堂脚手架做法搭设重载和高大支架	12	随意去掉构架结构横杆和斜杆(剪刀撑)
3	不对进场材料进行检查验收	13	节点未按规定要求装设和紧固
4	"来者不拒"，使用不合格、有变形和缺陷的材料	14	立杆底部不设座、垫，部分立杆悬空或不稳
5	不设扫地杆或设置过高	15	架体垂直和水平偏差过大
6	不控制立杆的伸长长度	16	随意改变浇筑工艺和程序
7	不控制可调支座丝杆的直径和工作长度	17	在局部作业面上集中过多的人员和机具
8	立杆采用搭接接长	18	盲目使用，随意增加架面荷载
9	临时加设悬空(连在横杆上)支顶立杆	19	未经监理同意，就进行搭设和浇筑
10	横杆直接承传重型梁板荷载	20	不设专人进行搭设和浇筑安全监护

3.5.5　严格控制施工关键环节和安全点，杜绝模板支架坍塌事故发生

不同时间、不同单位和不同工程发生的事故，既有共性、也有个性。杜绝事故不能只靠愿望和要求。还得靠扎实的工作，专业的技术来保证。只有这样才能实现杜绝模板支架坍塌事故要求的基本途径和可靠保证，见表 3.5-5、表 3.5-6。

关键环节和控制要求　　　　　　　　　　　　　　　　　表 3.5-5

序号	关 键 环 节	控 制 要 求
1	工程任务的承接(下达)与管理安排	不得违规分包、不得推卸管理责任。必须按项目纳入工程项目的管理之中
2	方案措施的制定	不要走形式、不要粗制应付、不要先搭后审。必须按安全和实施要求认真编制、论证、审定和执行
3	杆配件和材料的检查验收	把好"进场关"和"上架关"。不得使用不合格、有损伤和有显著变形的材料，严格控制不同架种材料混用
4	搭设前的技术交底和搭设质量的检查验收	搭设前必须由方案编制人向作业人员做技术交底，明确各项控制要求和处置规定。在第一步架形成和支架完成后，必须进行检查验收，高支架应每搭 15m 高左右增加一次检查。不准任意改变构架尺寸、减少结构杆件和加大安装偏差
5	浇筑工艺和施工安排	必须纳入方案措施并与架体的设计计算情况一致，不得任意调整、改变。必须改变时应复核其是否安全
6	浇筑施工的安全监控	严格按施工方案措施进行作业控制和安全维护。不得在一处集中过多的作业人员和机具、不得在有异常情况时继续浇筑

安全（控制）点和控制要求　　　　　　　　　　　　　　表 3.5-6

序号	安全(控制)点	控 制 要 点
1	立杆顶端的伸出长度 a	不大于 550mm
2	扫地杆	①必须双向设置；②离地高度≤350mm
3	可调底座和托座	②丝杆直径≥36mm，②丝杆工作长度≤300mm
4	扣件拧紧扭力矩	40N·m
5	横杆直接承载	①横杆长(跨)度≥2m ②横杆线载荷标准值>10KN/m ③支座的计算弯矩>5kN·m 或超过节点的抗弯允许值 ④位于截面积>0.4m² 的梁下支架
6	架体的结构横杆拉通	①单型(墩式、排式、满堂)架体双向结构横杆全部拉通； ②混合型架体确保满堂横杆全部拉通，墩式和排架式的加密横杆至少在其刚度较弱方向满堂架延伸 1 跨
7	水平斜杆加强层	①扫地杆和顶步架上横杆层必须设置，其间隔不大于 6m 设置一道 ②水平加强层的角部必须设置斜杆 ③毗邻的不设斜杆框格数不得大于 2 个(边部)、4 个(中部)
8	杆件的长细比 λ	立杆和横杆≤200，构造斜杆≤210，受压斜杆≤180
9	混凝土浇筑分层厚度	板位应≤300mm，梁位应≤600mm(当梁和板下支架采用同一构架尺寸时，按板控制)
10	同时作业的振捣棒数	每平方米(板位)或延米(梁位)均不得超过 1 根
11	高支模的附着(柱、墙)拉接措施设置	应与水平加强层的设置一致

序号	安全(控制)点	控 制 要 点
12	支架底部基地要求	①具有足够的承载力 ②不足的模板应设置支撑 ③支垫应稳固
13	其他控制事项	①与高大庭堂毗邻的楼盖必须先浇筑 ②泵送管道不得有明显的水平摆动 ③混凝土龄期强度<75%设计值时,不得拆除其下支撑 ④施工因故中途停顿后,重新施工时,必须做全面检查
14	其他禁止事项	①立杆搭接 ②相邻立杆接头位于同一高度 ③不落地短立杆 ④任意减少结构横杆 ⑤采用薄板支垫 ⑥立杆悬空或处于支垫物边缘 ⑦在不停止浇筑作业情况下,进入架内检查或加固

3.6 关于建筑行业技术安全的延伸

项目总工必须管好、做好工程的技术安全工作。

凡是一切工程安全事故,项目总工都是事故责任的被追究者之一。

项目总工是项目技术安全工作的总管理者。肩负着工程项目施工方案决策和技术安全掌管责任。应当把主要精力放在掌管好工程施工的技术安全和努力推动技术进步的工作上;并且应当做到有职有权,确保达到各项工作要求。当受到施工安排和经济考虑的冲击时,也能坚守住基本的安全保证要求、确保不出技术安全事故的底线。

目前项目总工未能将技术安全工作掌管到位的情况较为普遍,主要表现为工作上的粗和浮;考虑不全面、研究不深入、规定不细致、保障不到位。出于各种原因,项目总工较多难以坐下来、平静下心来研究技术的安全保证问题和仔细审查方案的设计计算,且大多也缺少按需要进行专项试验和课题研究的相应条件,难以在推进技术和创新方面施展才干。而在一定程度上缺少相应的技术能力和经验。

对设计计算工作生疏、甚至不会计算,看不出问题也不少见。这些情况就导致了模板支架方案措施的编制质量不高,不能提供可靠的技术安全保证和其他技术安全管理不到位的问题,成为以项目总工为载体的安全工作隐患。

希望项目总工坚守岗位职责,全力管好、做好工程项目的技术安全工作,努力在确保工程施工安全和推进科技进步与创新方面取得成绩、做出贡献。

希望项目和企业领导高度重视、大力支持和积极帮助项目总工做好他们的本职工作,给他们提供履职尽责、发挥才干和迅速提高的条件与机会,这也是企业生存和发展的重要支撑。

第4章 高大模板支撑系统安全专项方案编制与管理

4.1 专项方案编制管理规定及原则

4.1.1 专项方案编制管理规定

专项方案编制管理规定参见《危险性较大的分部分项工程安全管理办法》建质〔2009〕87号及《建设工程高大模板支撑系统施工安全检督管理导则》建质〔2009〕254号文（简称导则）。

4.1.2 安全专项方案编制十原则

1. 先编制批准、履行手续后搭设实施的原则

为加强建设工程项目的安全技术管理，防止建筑安全事故发生，依据87号文，安全专项方案必须先编制，审核批准后方可实施。

2. 由专业工程技术人员编制的原则

专项方案应当由专业工程技术人员编制，上报公司技术部门的专业技术人员进行审核。

3. 由企业技术负责人、监理负责人审批的原则

方案上报公司技术部门经公司专业技术人员审核，审核合格后经公司技术负责人签字，并报送监理单位专业监理工程师进行审核，审核合格，报总监理工程师签字审批。

4. 变更必须由原审批人批准的原则

如因设计、结构、外部环境等因素发生变化确需修改的，修改后的专项方案必须报原审批人重新审批，需重新组织专家论证的也必须重新组织专家论证。

5. 审批人签字认可的原则

为防止安全事故发生，加大审批人的负责认真性，防止事故发生时无据可查，要求审批人必须签字认可。

6. 就高不就低的原则

专项方案计算参数选取时在不浪费资源的前提下，尽量保守取值，安全系数就高不就低。

7. 就严不就宽的原则

专项方案编制时必须严格按照相关规范标准进行，不得打折扣执行。

8. 下级服从上级的原则

专项方案编制时下级必须服从上级，同心协力，共同为方案编制创造条件。

9. 不引用非官方信息的原则

方案编制依据为国家规范、标准及设计信息，非官方信息不得引用。

10. 符合评审标准的一律进行评审的原则

符合评审标准的方案一律进行评审。

4.1.3 安全专项方案编制基本要求

（1）支模方案概述清楚

1）高大支模区域部位交代清楚，见图 4.1-1。

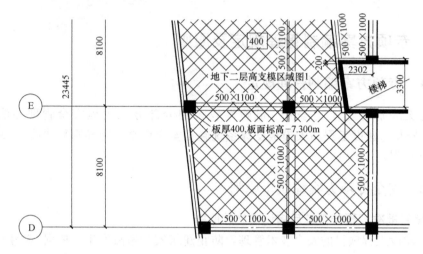

图 4.1-1 高支模区域

2）采用何种支模架交代清楚。

3）大梁下或厚板下基本排架尺寸交代清楚。

（2）必须有高支模"三图"

1）高支模排架的平面布置图，见图 4.1-2。

2）高支模排架的剖面布置图，见图 4.1-3。

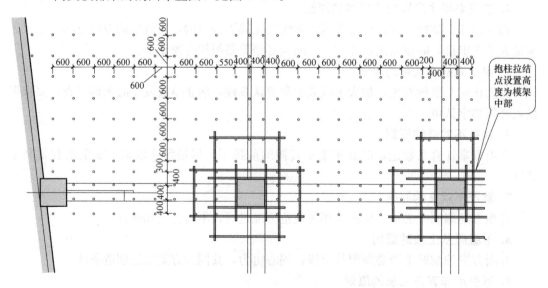

图 4.1-2 高支模排架平面布置图

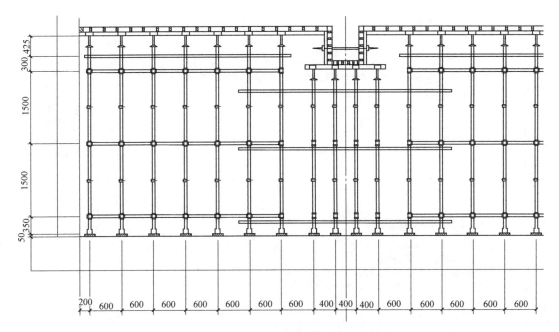

图 4.1-3　高支模排架剖面布置图

3）高支模的大梁下或厚板下的局部模板支架构造详图，见图 4.1-4。

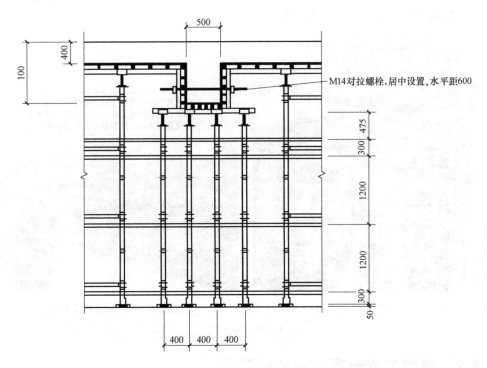

图 4.1-4　高支模局部模板构造详图

（3）必须有高大支模的计算书，见图 4.1-5。
突出排架的立杆稳定性计算，见图 4.1-6。

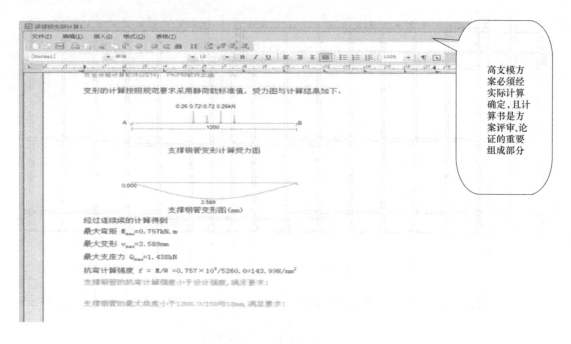

图 4.1-5　高支模架计算

（4）应编写应急预案，见图 4.1-7。

图 4.1-6　立杆稳定性检查　　　　　　　　　图 4.1-7　应急预案教育

4.2　模架工程专项方案编制要点

4.2.1　编制依据

（1）图纸列表见表 4.2-1。

常见问题：缺乏相关技术要求，如施工组织设计，相关专项施工方案等。

图纸列表

表 4.2-1

序号	图纸类别	图纸编号	出图日期
1	结构图	结施 01—59	2013 年 8 月
2	建筑图	建施-A001-A007	2013 年 8 月
		建施-A101-A906	

（2）施工组织设计，见表 4.2-2。

施工组织设计

表 4.2-2

序号	名　称	编制日期
1	××大学环境科学大楼施工组织设计	2014 年 2 月

（3）主要规范、规程、标准，见表 4.2-3。

规范、规程、标准表

表 4.2-3

序号	名　称	编　号
1	《混凝土结构工程施工质量验收规范》	GB 50204—2002
2	《建筑结构荷载规范》	GB 50009—2012
3	《混凝土结构工程施工规范》	GB 50666—2011
4	《建筑施工碗扣式钢管脚手架安全技术规范》	JGJ 166—2008
5	《建筑施工临时支撑结构技术规范》	JGJ 300—2013
6	《建筑施工扣件式钢管脚手架安全技术规范》	JGJ 130—2011
7	《建筑施工高处作业安全技术规范》	JGJ 80—91
8	《建筑施工模板安全技术规范》	JGJ 162—2008
9	《北京市建筑工程施工安全操作规程》	DBJ 01-62—2002
10	《钢管脚手架、模板支架安全选用技术规程》	DB11/T 583—2008
11	《建筑施工安全检查标准》	JGJ 59—2011
12	《建设工程施工现场安全防护、场容卫生、环境保护及保卫消防标准》	DBJ 01-83—2003

（4）主要法律、法规，见表 4.2-4。

法律、法规表

表 4.2-4

序号	名　称	编　号
1	《中华人民共和国建筑法》	主席令第 91 号
2	《中华人民共和国安全生产法》	主席令第 70 号
3	《建设工程质量管理条例》	国务院第 279 号令
4	《建设工程安全生产管理条例》	国务院第 393 号令
5	《危险性较大的分部分项工程安全管理办法》	建质【2009】87 号
6	《北京市实施＜危险性较大的分部分项工程安全管理办法＞规定》	京建施【2009】841 号
7	《关于加强施工用钢管、扣件使用管理的通知》	京建材【2006】72 号
8	《建设工程高大模板支撑系统施工安全监督管理导则》	建质【2009】254 号

常见问题：

1) 法律、法规引用不全，高支模引用法律、法规不仅要引用国家下发的法律法规，还要引用当地有关部门下发的法律、法规；

2) 引用无关的标准规范或引用过时规范，引用规范前可登录工标网查看所用规范是否为现行最新规范。

4.2.2 工程概况

1. 工程简介

简单介绍工程名称、项目参建单位、所处位置、建设内容、周围环境、面积、层数、结构形式、工期要求及其他专业要求等，在说明概况的情况下力求简单明了。

2. 设计简介

关键点介绍要详尽，重点介绍项目的建筑规模、结构、混凝土强度等级、各分部分项工程材料要求、做法、重点施工设计需专项方案的区域等，见表4.2-5。

设计简介　　　　　　　　　　　　　　　　表4.2-5

序号	项　目	内　容	
1	建筑面积	总建筑面积(m²)	20500
2	层数	地上五层	地下三层
3	混凝土强度等级	垫层	C15
		基础底板地下室外墙	C40P8
		剪力墙、框架柱梁、板、楼梯	C40
4	超限梁区域(地下三层顶板)	超限梁截面尺寸(mm)	500×1000
		超限梁处板厚(mm)	300,400
		超限梁处柱截面尺寸(mm)	800×800
5	超高板区域(四层顶板至五层顶板)	板厚(mm)	150
		支模高度(m)	15.15,18.65

专家组成员应当由5名及以上符合相关专业要求的专家组成。

参加人员：建设单位项目负责人或技术负责人；监理单位项目总监理工程师及相关人员；施工单位分管安全的负责人、技术负责人、项目负责人、项目技术负责人、专项方案编制人员、项目专职安全生产管理人员；勘察、设计单位项目技术负责人及相关人员

论证内容：专项方案内容是否完整、可行；专项方案计算书和验算依据是否符合有关标准规范；安全施工的基本条件是否满足现场实际情况

图4.2-1　高支模专家论证

3. 高大模架工程概况

按照《危险性较大的分部分项工程安全管理办法》（建质【2009】87号）中附件2"超过一定规模的危险性较大的分部分项工程范围"第2.2条混凝土模板工程：搭设高度8m及以上（搭设高度指从板面至上层顶板底面的高度，即模架支设的高度）；搭设跨度18m及以上（搭设跨度指梁、板等构件在没有任何支撑下净跨大于等于18m时搭设模架的长度）；施工总荷载15kN/m² 及以上；集中线荷载20kN/m 及以上的工程施工单位应当组织专家对专项方案进行论证，见图4.2-1。

经过复核本书举例工程施工图纸，需要专家论证点有以下两项。第一项是搭设高度为15.15m和18.65m的高大模架工

程；第二项是集中荷载 23.23kN/m 的框架梁模架工程。如下图所示：

（1）超限梁平面区域图、剖面图

地下 2 层超限梁平面图，见图 4.2-2。

地下 2 层超限梁平面图，见图 4.2-3。

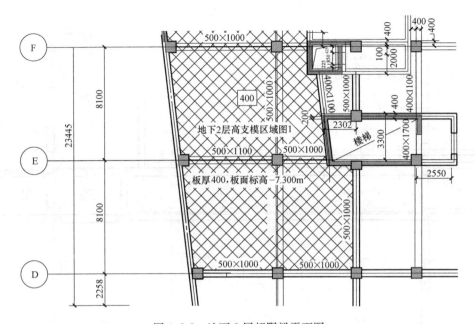

图 4.2-2　地下 2 层超限梁平面图

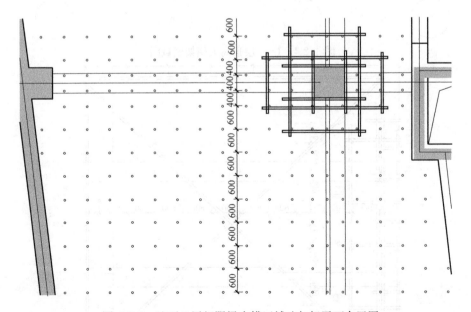

图 4.2-3　地下 2 层超限梁支模区域碗扣架平面布置图

（2）超高板平面区域图、剖面图

1～4 层顶悬空走廊平面图，见图 4.2-4、图 4.2-5。

1～5 层顶悬空屋顶平面图及剖面图，见图 4.2-6、图 4.2-7。

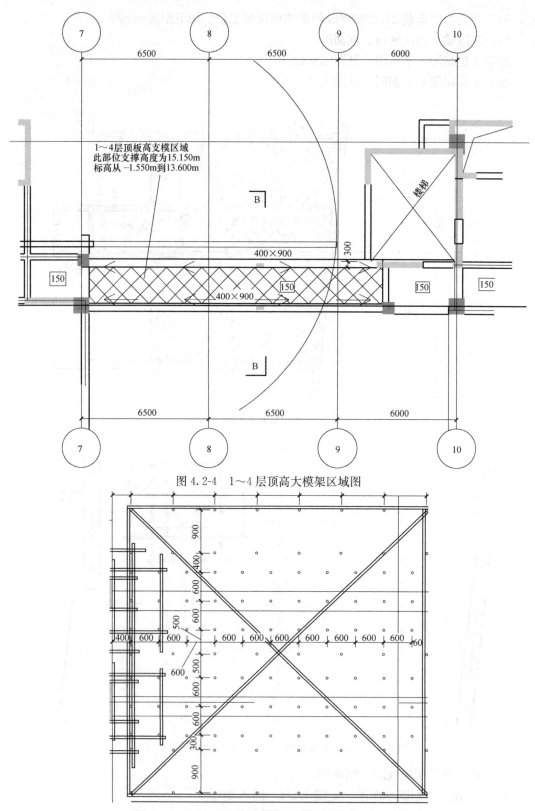

图 4.2-4　1～4 层顶高大模架区域图

图 4.2-5　1～4 层顶高大模架区域碗扣架平面布置图

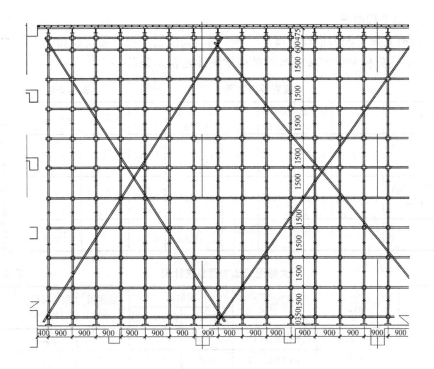

图 4.2-6　1～4 层顶高大模架区域碗扣架 A—A 剖面图

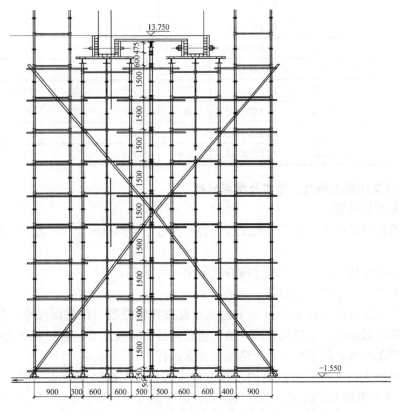

图 4.2-7　1～4 层顶高大模架区域碗扣架 B—B 剖面图

4. 高大模架工程概况

混凝土模板支撑工程为搭设高度超过8m的高大模架工程。需支设高支撑架的部位见表4.2-6，集中线荷载大于20kN/m的结构梁统计见表4.2-7。

<table>
<tr><td colspan="10" align="center">高支模内容表</td><td align="right">表 4.2-6</td><td rowspan="4">列表中顶、底板标高、板厚、最大梁载面、模架高度为必不可少的内容，由以上内容可以直观的看出模架系统的高度及受力计算所需要的参数</td></tr>
<tr><td>序号</td><td>部位</td><td>楼层</td><td>顶板标高(m)</td><td>底板标高(m)</td><td>板厚(mm)</td><td>最大梁截面(b×h)</td><td>模架高度(m)</td><td>板量(块)</td><td colspan="2">面积(m²)</td></tr>
<tr><td>1</td><td>7~10/E~F轴悬空走廊</td><td>1~4层顶</td><td>13.75</td><td>-1.55</td><td>150</td><td>400×900</td><td>15.15</td><td>1</td><td colspan="2">26.69</td></tr>
<tr><td>2</td><td>7~10/E~F轴悬空屋顶</td><td>1~4层顶</td><td>17.25</td><td>-1.55</td><td>150</td><td>500×800</td><td>18.65</td><td>1</td><td colspan="2">86.2</td></tr>
<tr><td></td><td></td><td></td><td></td><td></td><td></td><td></td><td>合计</td><td>2</td><td colspan="2">112.9</td></tr>
</table>

<table>
<tr><td colspan="8" align="center">大截面梁集中荷载统计表</td><td align="right">表 4.2-7</td></tr>
<tr><td rowspan="2">序号</td><td rowspan="2" colspan="2">部位</td><td rowspan="2">梁编号</td><td colspan="2">梁截面</td><td rowspan="2">截面积(m²)</td><td rowspan="2">集中线荷载(kN/m)</td><td rowspan="2">集中荷载</td></tr>
<tr><td>宽 B(mm)</td><td>高 H(mm)</td></tr>
<tr><td>1</td><td rowspan="11">地下2层</td><td>12~13/C轴</td><td>KLD214(1)</td><td>500</td><td>1100</td><td>0.55</td><td>23.3</td><td rowspan="11">≥20kN/m</td></tr>
<tr><td>2</td><td>13~14/C轴</td><td>KLD215(1)</td><td>500</td><td>1100</td><td>0.55</td><td>23.3</td></tr>
<tr><td>3</td><td>7~14/D轴</td><td>KLD209(7)</td><td>500</td><td>1100</td><td>0.55</td><td>23.3</td></tr>
<tr><td>4</td><td>1~2/E轴</td><td>KLD203(1)</td><td>500</td><td>1100</td><td>0.55</td><td>23.3</td></tr>
<tr><td>5</td><td>11~14/E轴</td><td>KLD207(3)</td><td>500</td><td>1100</td><td>0.55</td><td>23.3</td></tr>
<tr><td>6</td><td>1~1/1/F轴</td><td>KLD201(2)</td><td>500</td><td>1100</td><td>0.55</td><td>23.3</td></tr>
<tr><td>7</td><td>11~14/F轴</td><td>KLD204(3)</td><td>500</td><td>1100</td><td>0.55</td><td>23.3</td></tr>
<tr><td>8</td><td>4/B~G轴</td><td>KLD224(5)</td><td>500</td><td>1100</td><td>0.55</td><td>23.3</td></tr>
<tr><td>9</td><td>5/D~G轴</td><td>KLD335(3)</td><td>500</td><td>1100</td><td>0.55</td><td>23.3</td></tr>
<tr><td>10</td><td>6/D~F轴</td><td>KLD227(3)</td><td>500</td><td>1100</td><td>0.55</td><td>23.3</td></tr>
<tr><td>11</td><td>6/F~G轴</td><td>KLD226(1)</td><td>500</td><td>1100</td><td>0.55</td><td>23.3</td></tr>
</table>

5. 模板高支撑施工特点、重点及难点分析

高支模架常见问题：

（1）没有危险性较大的分部分项工程内容和周边结构的概况介绍，概况与模架（脚手架）工程无关。

（2）必要的结构构造、结构尺寸没有或不全，见图4.2-8。

（3）没有相关的平面、剖面图，见图4.2-9。

本书所举例工程模架施工特点在于超限梁板布置较分散，且截面尺寸、分部区域较小。由于超限区域较小，易造成管理人员、搭设人员、验收人员、监测人员放松警惕，需加强搭设过程的检查，防微杜渐，严格按照方案执行。

由于两处高支模区域模架搭设均设在首层底板，且支撑高度较高分别为15.15m及18.65m，模架自重较大，需在下层进行回顶。由于高支模面积区域较小，部位对应地下一层模架设计混凝土上部高支模设计，初次搭设前按照立杆布点图进行搭设，上下层立杆

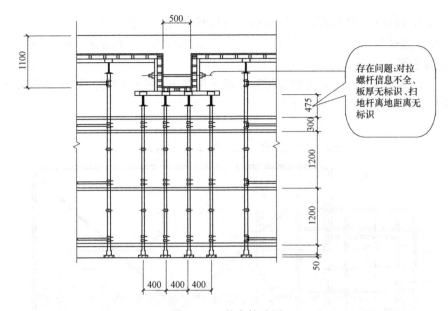

图 4.2-8 节点构造图

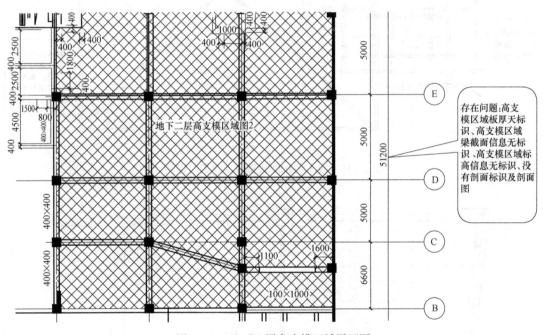

图 4.2-9 地下 2 层高支模区域平面图

对应,待高支模区域混凝土强度达到拆除条件后自上而下进行拆除。

4.2.3 模架(脚手架)体系选择

1. 模架选型原则

考虑到施工工期、质量和安全要求,在选择方案时应充分考虑以下几点:

(1) 模架及支架的结构设计,力求做到结构安全可靠,造价经济合理。

(2) 在规定的条件下和规定的使用期限内,能够充分满足预期的安全性和稳定性。

（3）选用材料时，力求做到常见通用，可周转利用，便于维修。

（4）模架选择时，力求做到受力明确，构造措施到位，搭拆方便，便于施工。

2. 模架选型

（1）本书所举例工程模架选型有两种：板下选择碗扣式钢管支撑架和梁下选择扣件式钢管支撑架，见图 4.2-10、图 4.2-11。

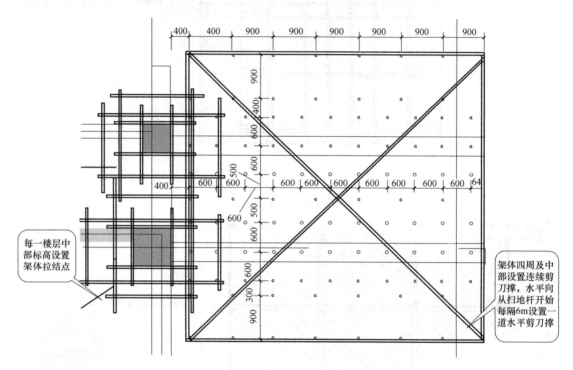

图 4.2-10　板下碗扣件式钢管支撑架平面图

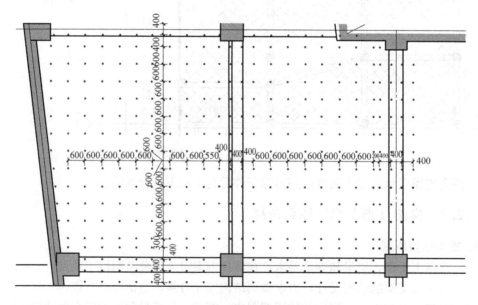

图 4.2-11　梁下扣件式钢管支撑架平面图

（2）超过8m的高大模架工程模架选型，见表4.2-8、表4.2-9。

高大模架工程模架选型 表 4.2-8

楼号	部位	楼层	顶板标高（m）	底板标高（m）	板厚（mm）	模架高度（m）	模架形式	主龙骨
1	7～10/E～F 轴悬空走廊	1～4 层顶	13.750	−1.550	150	15.15	碗扣架	80mm× 80mm 木方
2	6～10/E～F 轴悬空屋顶	1～4 层顶	17.250	−1.550	150	18.65	碗扣架	80mm× 80mm 木方

集中荷载在 20kN/m 以上梁的模架选型 表 4.2-9

序号	部位	梁编号	梁截面 宽 B(mm)	梁截面 高 H(mm)	截面积（m²）	集中线荷载（kN/m）	主龙骨
1	12～13/C轴	KLD214(1)	500	1100	0.55	23.3	
2	13～14/C轴	KLD215(1)	500	1100	0.55	23.3	
3	7～14/D轴	KLD209(7)	500	1100	0.55	23.3	
4	1～2/E轴	KLD203(1)	500	1100	0.55	23.3	
5	11～14/E轴	KLD207(3)	500	1100	0.55	23.3	80mm× 80mm 木方
6	1～1/1/F轴	KLD201(2)	500	1100	0.55	23.3	
7	11～14/F轴	KLD204(3)	500	1100	0.55	23.3	
8	4/B～G轴	KLD224(5)	500	1100	0.55	23.3	
9	5/D～G轴	KLD335(3)	500	1100	0.55	23.3	
10	6/D～F轴	KLD227(3)	500	1100	0.55	23.3	
11	6/F～G轴	KLD226(1)	500	1100	0.55	23.3	

（序号 1～11 部位列标注"地下 2 层"）

4.2.4　模架（脚手架）设计方案与施工工艺

常见问题：（1）模架（脚手架）设计、拉结措施欠缺或与结构实际不符。

（2）没有安装或拆除工艺流程。

（3）模架（脚手架）材料、产品质量标准不明确。

（4）没有模架（脚手架）安装质量标准及验收程序，见图 4.2-12。

1. 技术参数

重点为架体基础的设计、架体设计、架体上部设计、构造拉结设计；安全防护设计，特殊部位的监测设计。

2. 工艺流程

安装、拆除工艺流程及技术安全要求见表 4.2-10～表 4.2-12。

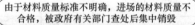
由于材料质量标准不明确，进场的材料质量不合格，被政府有关部门查处后集中销毁

图 4.2-12　劣质钢管销毁

楼板模板支撑体系表　　　　　　　　　　　　　　　　　　表 4.2-10

序号	轴线部位	截面尺寸 H (mm)	搭设高度 (m)	次龙骨间距 (mm)	主龙骨间距 (mm)	架体形式	立杆间距（纵、横）(mm)	横杆步距 (mm)	剪刀撑 水平	剪刀撑 竖向	立杆组合	自由端 (mm)	扫地杆 (mm)	连墙件
一类板（厚度 150mm，标高 13.750mm；部位 7～10/E～F 悬空走廊，1～4 层顶）														
1	7～1/ E～F	150	15.150	250	900	碗扣架	900× 900	1200	4 道	沿四周设置	3000×4+ 1.5+1.2	530	350	抱柱及抵墙设置
二类板（厚度 150mm，标高 17.250mm；部位 7～10/E～F 悬空屋顶，1～5 层顶）														
2	7～10/ E～F	150	18.650	250	900	碗扣架	900× 900	1200	5 道	沿四周设置	3000×5+ 1.8+1.5	430	350	抱柱及抵墙设置

注：1. 面板为 15mm 厚覆膜木多层板；次龙骨为 35mm×80mm 木方，按实际尺寸计算。

2. 模支架顶部扣件抗滑移不满足要求，均采用可调 U 型托支顶。

重点注意：主次龙骨间距、立杆间距、横杆步距、剪刀撑设置、扫地杆设置、自由端长度及连墙件的设置，这些项目直接影响方案计算结果，决定了方案是否可行

超限梁梁底模板支撑体系表　　　　　　　表 4.2-11

梁底模板支撑体系	截面尺寸（宽×高）(mm)	架体形式	立杆纵向间距 (mm)	横向承重立杆数量	承重立杆横向间距 (mm)	横杆步距 (m)	次龙骨间距 (mm)
	一类梁：超限梁（代表梁截面：500×1100）						
	500×100	扣件式	600	2	400	1200	200

重点注意：主次龙骨间距、承重立杆各向间距及数量，这些项目直接影响底模计算结果，决定了方案否可行

注：1. 面板为 15mm 厚覆膜木多层板；内龙骨为 35mm×80mm 木方，对拉螺杆 ϕ14。

2. 梁侧面均做钢管斜撑，控制侧面模板稳定，梁板阴角处设 80mm×80mm 木方。

3. 梁支撑顶部扣件抗滑移不满足要求，均采用可调 U 型托支顶。

4. 梁最外侧立杆距梁侧边距离不大于 150mm。

超限梁梁侧模板支撑体系表　　　　　　　表 4.2-12

梁侧模板支撑体系	侧模板宽度 mm	内龙骨间距 (mm)	外龙骨间距 (mm)	对拉螺杆	对拉螺杆道数	对拉螺杆 竖向排列	对拉螺杆 水平间距	备注
	800≤H ≤900	250	双钢管 @700	M14	1	居中设置	@700	
	800≤H ≤1100	250	双钢管 @600	M14	1	居中设置	@600	

重点注意：内外龙骨间距、对拉螺杆直径、各向间距及道数，这些项目直接影响侧莫受力计算结果，决定了方案是否可行

注：1. 面板为 15mm 厚覆膜木多层板；内龙骨为 35mm×80mm 木方，外龙骨双钢管对拉螺杆 ϕ14。

2. 梁侧面均做钢管斜撑，控制侧面模板稳定，梁板阴角处设 80mm×80mm 木方。

3. 模板与支撑体系构造

（1）高支模区域顶板支架搭设构造

1）支模前，放好顶板标高控制线，在楼板上弹好立杆位置线，立杆底垫 50mm× 100mm，长 300mm 木方。

2）地下三层高支模区域立杆间距 600mm×600mm，其余高支模区域立杆间距为 900mm×900mm，水平杆步距为 1.2m。立杆上部安装 U 型可调顶托支撑主龙骨，可调顶托伸出至模板支撑点长度不大于 0.2m，见图 4.2-13。

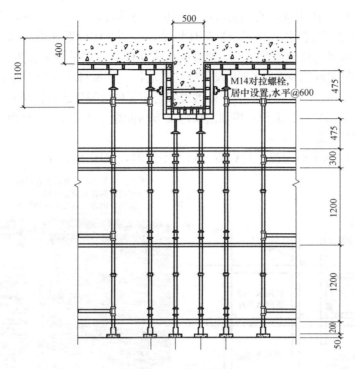

图 4.2-13　梁底模架

3）剪刀撑设置

① 水平剪刀撑：整个架体按竖向间距不超过 4.8m 设置水平剪刀撑。

② 竖向剪刀撑：在架体外侧四周、中部按轴线设置由底至顶设置竖向连续剪刀撑，见图 4.2-14。

③ 剪刀撑的搭接：不小于 1m，并不少于 3 个扣件。端部扣件盖板的边缘至杆端距离不小于 100mm，见图 4.2-15。

4）连墙杆

图 4.2-14　剪刀撑

图 4.2-15　高支模架

为加强支架的整体刚度，支架搭设必须保证架身垂直，纵横向顺直，模架支架遇框架柱每两步设置一组双杆箍住式拉杆与框架柱拉结，遇到墙体设置连墙顶撑。超大截面框架梁模架遇框架柱每步与柱抱箍拉结，框架梁底承重立杆纵向水平杆遇框架柱每步进行顶撑。模板支撑与结构柱之间用 $\phi48.3 \times 3.6$ 设置抱柱连墙杆，连墙杆水平间距按照柱距布置，竖向间距每层设置一道。当无结构柱时，高大模架与相邻楼层架体进行拉结。遇框架梁处设置 U 型托将架体与框架梁进行横顶，横顶沿梁跨度方向间距不大于 3m，见图 4.2-16。

5）安全网的架设

在中间高度的水平剪刀撑位置设置一道水平兜网，见图 4.2-17。

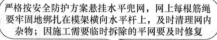

严格按安全防护方案悬挂水平兜网，网上每根筋绳要牢固地绑扎在模架横向水平杆上，及时清理网内杂物；因施工需要临时拆除的平网要及时修复

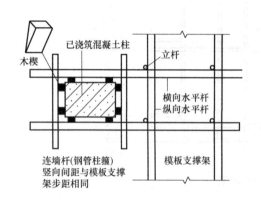

图 4.2-16　连墙杆示意图

图 4.2-17　水平兜网

6）扫地杆、顶部水平杆构造

纵向扫地杆采用直角扣件固定，扫地杆距地面尺寸以钢管中心至地面计算，碗扣式脚手架扫地杆距地为 350mm，扣件式钢管脚手架扫地杆距地为 200mm，必须连续设置。横向扫地杆则用直角扣件固定在紧靠纵向扫地杆下方的立柱上。碗扣架顶部丝扣外露不得超过 200mm，满堂支撑架的可调托撑杆插入立杆的长度不得小于 150mm。当立杆基础不在同一高度时，必须将高处的纵向扫地杆向低处延伸两跨与立杆固定，见图 4.2-18、图 4.2-19。

扫地杆

图 4.2-18　扫地杆

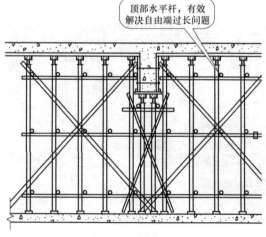

顶部水平杆，有效解决自由端过长问题

图 4.2-19　顶部水平杆

7）立杆、横杆构造要求

本工程高大模板支模区域立杆传递除外悬挑部分外均落于楼面板上，即所有高大模板支模区域内支撑立杆应对应下层，基础底板模板支撑杆均保留。立杆接长必须采用对接，禁止搭接。立杆与横杆采用直角扣件连接，接头交错布置，两个相邻立柱接头避免同时出现在同步跨内，并在高度方向错开不小于500mm，各接头中心距主节点的距离不大于纵距的1/3，结构梁下模板支架的立杆纵距应沿梁轴线方向布置；立杆横距应以梁底中心线为中心向两侧对称布置。

横杆采用对接扣件连接，其接头交错布置，不在同步同跨内。相邻接头水平距离不小于500mm，各接头距立柱的距离不大于500mm。模板支架搭设时梁下横向水平杆应伸入梁两侧板的模板之间内不少于两根立杆，并与立杆扣接。层高在8～20m时，在最顶步距两水平拉杆中间应加设一道水平拉杆。水平拉杆端部都应与建筑四周建筑物顶紧顶牢。水平横杆每步必须纵横向设置，严禁出现单向设置水平横杆，见图4.2-20。

图4.2-20　高支模架

（2）梁模板支撑搭设构造

1）超大框架梁支撑架立杆两侧沿全高方向连续设置竖向剪刀撑，见图4.2-21。

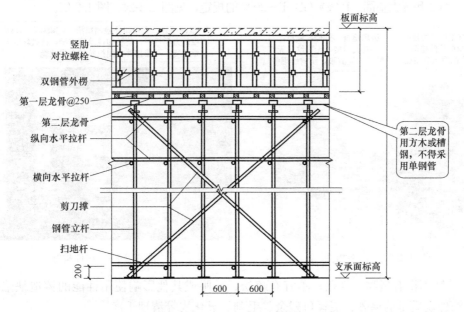

图4.2-21　高支模竖向剪刀撑

2）顶托的检查标准

可调托撑螺杆外径不小于36mm，直径与螺杆应符合现行国家标准《梯形螺纹　第2部分：直径与螺距系列》GB/T 5796.2—2005和《梯形螺纹　第3部分：基本尺寸》GB/T 5796.3—2005的规定。见图4.2-22、图4.2-23。

图 4.2-22　脚手架空心 U 型托

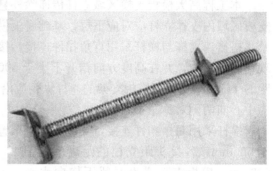

图 4.2-23　脚手架 U 型顶托

可调托撑的螺杆外径不得小于 36mm，直径与支撑托板焊接应牢固，焊缝高度不得小于 6mm；可调托撑螺杆与螺母旋合长度不得少于 5 扣，螺母厚度不得小于 30mm。

可调托撑抗压承载力设计值不应小于 40kN，支托板厚度不小于 5mm，偏差不大于 1mm。

4. 材料质量标准与验收

（1）扣件式钢管扣件材料要求

1）扣件应采用 GB 978—67《可锻铸铁分类及技术条件》的规定，机械性能不低于 KT33-8 的可锻铸铁制造。扣件附件采用的材料应符合《碳素钢结构》GB 700—2006 中 Q235 钢的规定；螺纹应符合《普通螺纹基本尺寸》GB/T 196—2003 的规定，垫圈应符合《大垫圈　A 级》GB/T 96.1—2002 和《大垫圈　B 级》GB/T—2002 的规定，见图 4.2-24、图 4.2-25。

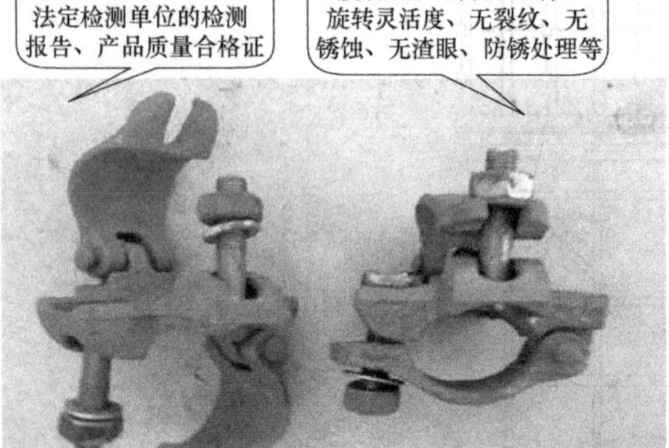

扣件应有生产许可证、法定检测单位的检测报告、产品质量合格证

进场检查：外径、壁厚、旋转灵活度、无裂纹、无锈蚀、无渣眼、防锈处理等

检测项目：直角扣件检测抗滑、抗破坏、扭转刚度的力学性能；旋转扣件检测抗滑、抗破坏的力学性能；对接扣件检测抗拉的力学性能

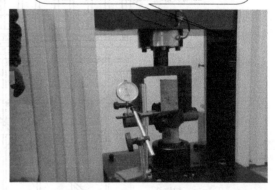

图 4.2-24　合格扣件

图 4.2-25　扣件检测

① 铸铁不得有裂纹、气孔；不宜有疏松、砂眼或其他影响使用性能的铸造缺陷，并应将影响外观质量的粘砂、浇冒口残余、毛刺、氧化皮等清理干净。

② 扣件与钢管的贴合面必须严格整形，应保证与钢管扣紧的时候接触良好。

③ 扣件活动部位应能灵活转动，旋转扣件的两旋转面间隙不应小于 1mm。

④ 当扣件夹紧钢管时，开口处的最小距离应不小于 5mm。

2）钢管应有产品质量合格证，产品质量检验报告，钢管材质检验方法符合现行国家标准《金属材料　拉伸实验　第 1 部分：室温试验方法》GB/T 228.1—2010 的有关规定。

① 钢管表面应平直光滑，不应有裂纹、结巴、分层、错位、硬弯、毛刺、压痕和深划痕等。

② 壁厚符合要求，表面刷防锈漆，见图 4.2-26。

（2）碗扣式脚手架的质量要求：

1）碗扣件立杆长度满足各标准长度要求，扣件间隔距离为 600mm，杆下套管长度 100～110mm，焊接牢固。

图 4.2-26　钢管壁厚检查

2）横杆长度满足标准长度要求，安装到立杆扣碗内，立杆中距为 1200、900、600mm。

3）立杆上的各节下承碗，焊接牢固，壁厚为 4～5mm，上扣碗灵活转动，落位后敲击固定。

4）碗扣件各杆件均有产品检测报告，进场后进行抽检，碗扣件模架见图 4.2-27。

（3）木材的质量要求：

1）方木均采用足尺烘干材料，进场后进行抽检，见图 4.2-28、图 4.2-29。

2）多层板 15mm 厚覆膜多层板，均有产品检测报告，进场后进行抽检，见图 4.2-30。

图 4.2-27　碗扣件式模架

图 4.2-28　方木

图 4.2-29　方木进场验收

图 4.2-30　覆膜板

5. 安装质量标准与验收

（1）安装质量标准

1）各杆件安装必须横平竖直，立杆与横杆间用直角扣件连接不得隔步设置或遗漏。

2）立杆的垂直度偏差应不大于架体高的 0.75%，且不大于 60mm，立杆必须落地在混凝土硬化地坪上，并在立杆的端部设置厚度 50mm 木板底座，绝对禁止用砖作底座。

3）各剪刀撑按设计要求设置，杜绝漏设现象。竖向剪刀撑斜杆与地面倾角在 45°～60°之间，并要求剪力撑必须落地在坚硬的基层上；水平剪刀撑按方案附图设置。

水平剪刀撑的斜杆之间夹角在 45°～60°之间，见图 4.2-31。

钢管刷防锈漆

地面硬化、立杆下面有垫板（5cm厚，200cm宽，不少于2跨）、剪刀撑与上下水平杆相连且夹角45°～60°、各杆件伸出扣件边缘不小于100mm

图 4.2-31　高支模架安装标准

（2）检查验收程序

模板支撑组装完毕后，经班组、项目部质量部、安全部自检合格，报监理验收合格后方能绑扎钢筋、浇筑混凝土。

1）验收时应具备以下主要技术质量记录：

① 碗扣式脚手架支撑系统验收单；

② 模板安装工程质量验收批记录；

③ 模板工程预检记录。

重点检查：U型托自由端长度、U型托下第一根水平杆距顶间距、龙骨间距等

图 4.2-32　顶板高支模架

2）碗扣式脚手架支撑系统验收单进行下列各项内容的验收检查：

① 搭设部位、搭设高度是否符合高大模板设计要求；

② 管材质量、碗扣锁紧情况、碗扣质量；

③ 扫地杆、可调顶托、立杆最大弯曲变形、整架垂直度、横杆变形、横杆水平度，见图 4.2-32。

④ 立杆间距、横杆步距、抱柱设置、顶墙件设置。

（3）质量保证措施

1）高大模架支设由工长负责，浇筑混凝土时，项目部设专人盯防。

2）模板支设过程中，木屑、杂物必须清理干净，在顶板下口、墙根留设清扫口。将杂物及时清扫后再封上，见图 4.2-33。

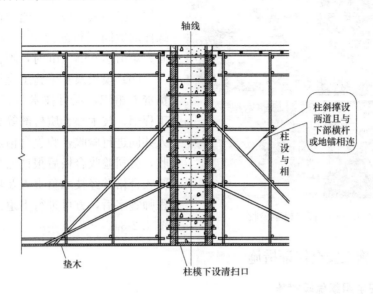

轴线

柱斜撑设
两道且与
下部横杆
或地锚相连

柱设与相

垫木

柱模下设清扫口

图 4.2-33　柱模支撑

3）对局部的漏浆、挂浆应及时铲除。

4）各类模板支座严格要求，经项目部技术质量部验收合格后方可投入使用。模板支设完毕后先进行自检，其允许偏差必须符合要求。凡不符合要求的及时返工调整，合格后方可报验。

5）模板验收重点控制模板的支撑架子、刚度、垂直度、平整度等。

6）模板支设前，必须与上道工序进行交接检查，检查钢筋、水电预埋盒、预埋件、预留筋位置及保护层厚度等是否满足要求，执行各专业工种联检制度，会签后方可进行下道工序。

6. 模板体系搭设过程及使用前的检查和验收

（1）搭设前，必须有经审批和专家论证的专项方案，检查支架设置情况是否满足按本方案搭设。

（2）搭设前，作为模板支撑的基础底板混凝土必须达到设计强度。

（3）立杆下垫 300mm 长 35mm × 80mm 木方做垫木，和主肋朝向相同，见图 4.2-35。

（4）立杆垂直度≤3‰，杆件用钢板尺测量，步距允许偏差为±20mm，横距允许偏差为±50mm，纵距允许偏差为

垫板200mm宽、50mm厚、宽度不少于2跨

图 4.2-34　立杆垫板

检查项目：横、立杆间距符合方案要求、螺母紧固力矩在40～65N·m之间且65N·m时不发生破坏、剪刀撑设置、扣件式钢管脚手架U型托出挑长度不大于200mm，插入竖杆不少于150mm、扫地杆距地不大于200mm等

图 4.2-35　高支模架验收

±20mm。

（5）检查杆件的设置和连接杆件构件符合要求、必须牢固，扣件螺栓不得有松动、滑移，螺栓必须露出螺帽 10mm，螺栓端头必须戴垫板。对超大截面梁底扣件螺栓的紧固例句进行 100％检查，螺栓紧固力矩值达 65N·m 时，不得发生破坏。

（6）模板及支撑施工完毕后，由项目负责人组织，项目技术负责人、安全部、工程部、技术部、质检部等相关部门负责人共同进行验收，验收合格后报请公司验收，公司验收合格后报请监理验收，监理验收合格并经技术负责人及项目总监理工程师签字后，方可进行下道工序施工，如图 4.2-34。

4.2.5　施工安全保证措施

1. 保证安全组织保障措施

（1）建立以项目经理为核心的安全生产管理体系，明确各级人员的安全生产岗位责任制，分级做好安全交底、安全教育和安全宣传工作，做到思想、组织、措施三落实。

（2）做好新工人上岗前的三级安全教育，高支模模架作业属特种作业，施工人员必须经安全培训及考试合格后方可作业。

（3）认真做好模架周围临空防护，以防坠落。施工期间脚手架按规定设好护身栏杆和安全网。

（4）凡进入施工现场作业区域人员必须戴好安全帽，高处作业系好安全带，上下模架必须走施工便道。

（5）严禁从楼上向下扔钢管、方木等材料，材料下放必须有专用机械如塔吊等协助。

2. 施工过程注意事项

施工过程安全第一，不伤害他人，不被他人伤害。

3. 安全保证措施

（1）在顶架搭设过程中严实行严格的监控，由专职施工员进行现场指挥监督，随时纠正可能出现的质量安全隐患。搭设前要进行班前安全技术交底，搭设完毕后要进行自检，若发现有松动、倾斜、弯曲、不牢固等现象，必须及时进行整改，整改困难的，要有可行的加固方案方可施工。

（2）支模完毕，经班组、项目部自检合格，报监理验收合格后方能绑扎钢筋、浇筑混凝土。

（3）在浇筑混凝土前重点检查、巡查的部位，见图 4.2-36。

（4）杆件的设置和连接、扫地杆、剪刀撑、支撑等构件师傅符合要求。

（5）基础是否积水，底座是否松动。

（6）杆件是否有变形的现象。

（7）安全防护措施是否符合规范要求。

（8）在浇筑混凝土过程中，泵送混凝土时应随浇、随捣、随平整，混凝土不得堆积泵送管道出口处。支架下面要安装照明灯，在模架外设立监测点，支设监测仪器。发现紧固件滑动或杆件变形等异常现象应立即暂停施工，迅速疏散人员，并应立即报告项目负责人，项目负责人立即根

图 4.2-36　模架巡查

据应急措施着手排除险情，待排除险情并经施工现场安全责任人检查同意后方可施工。

4. 预防坍塌事故的安全技术措施

（1）模板支撑严格按照本施工方案施工。

（2）安装梁底及木方前，确保梁底支架水平杆已拉设。

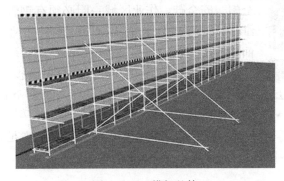

图 4.2-37　模架整体

（3）本高架支模采用的碗扣式钢管，扣件式钢管脚手架，不得有严重锈蚀、变形、断裂、脱焊、螺栓松动等。立杆应牢固，并按设计计算严格控制模板支撑系统的沉降量。斜支撑和支架应牢固连接，形成整体，见图 4.2-37。

（4）模板作业时，指定专人指挥、监护，出现位移时，必须立即停止施工，将作业人员撤离作业现场，待险情排除后方可作业。

（5）楼面堆放模板及钢管时，严格控制数量、重量，防止超载。堆放数量较多时，应进行荷载计算，并对楼面进行加固。

（6）安装高出相邻施工段超出一层的顶板模板，应先搭设脚手架，并挂好安全网，脚手架搭设高度要高出施工作业面至少 1.5m。

（7）拆模间歇时，应将已活动的模板、拉杆、支撑等固定牢固，严防突然掉落、倒塌常人。

（8）泵送混凝土时，泵送混凝土时应随浇、随捣、随平整，混凝土不得堆积泵送管道出口处。

（9）应避免装卸物料对模板产生偏心振动和冲击。

（10）交叉支撑、水平加固杆、剪刀撑不得随意拆卸，因施工需要局部拆除时，施工完毕后应立即恢复。

（11）模板支撑拆除前应向监理单位报送拆除申请书，经监理同意签字后方可拆除。

（12）拆除时应采用先搭后拆、后搭先拆的施工顺序。

（13）纵向水平杆靠墙柱边部分应顶住墙柱，提高支撑的整体性，见图 4.2-38、图 4.2-39。

图 4.2-38　防坍塌措施

图 4.2-39　模架拆除

图 4.2-40　防坠落措施

5. 预防高空坠落事故的安全技术措施

（1）施工现场，在周边临空的状态下作业时，高度在 2m 及 2m 以上时，属于高空作业，施工人员必须佩戴安全带、安全帽、安全鞋，作业区域一圈必须有钢管维护且满挂安全网并不得低于作业面 1.5m。

（2）支设高度在 3m 以上的主模板，四周设斜撑，并设立操作平台，低于 3m 的可使用马凳操作。

（3）支设悬挑模板，应有稳固的立足点，且周围有安全防护措施，见图 4.2-40～图 4.2-42。

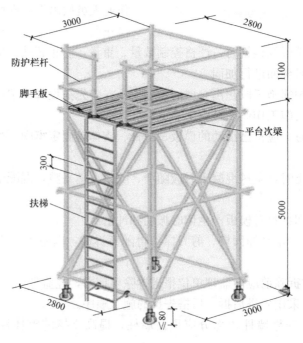

图 4.2-41　移动式操作平台

升降车可用于悬挑模板的支设，操作司机持特种作业上岗证上岗作业

图 4.2-42　升降车

6. 监测监控

（1）监测频率

在浇筑混凝土过程中应实施实时监测，监测频率每 30min 一次。高支模搭设允许偏差及预警值要求见表 4.2-13。

高支模搭设允许偏差及预警值要求　　　　　　　　　表 4.2-13

项　　目		允许偏差（mm）	预警值（mm）	监测工具
立杆钢管弯曲	3m<L≤4m	≤12	8	经纬仪、水准仪
	4m<L≤6.5m	≤20	12	经纬仪、水准仪
水平杆、斜杆钢管弯曲	L≤6.5m	≤20	25	经纬仪、水准仪
立杆垂直度全高		绝对偏差≤30	15	经纬仪、水准仪
立杆脚手架高度 H 内		绝对值≤$H/400$	0.75×$H/400$	经纬仪、水准仪
支撑沉降		≤10	5	经纬仪、水准仪

（2）监测地点

在模架外就近设立监测点，任何人不得进入模架内。

浇筑混凝土前，由项目部对脚手架全面系统检查，合格后方可开始浇筑。在浇筑混凝土过程中，由专职安全员、测量员在设立在架体外的观测站对高支模体系观察、随时观测支撑体系的变形情况。发现隐患，及时停止施工，采取措施，见图 4.2-43。

（3）监测方案包括：

1）监测项目

支架沉降、位移和变形。

2）监测点布设

本工程高大模架每一搭设区设一个监测区。

每个监测剖面设置 2 个支架水平位移观测点和 2 个支架沉降观测点。使用经纬仪、水平仪等监测仪器进行监测，监测精度应满足现场监测要求，并设变形监测报

图 4.2-43　高支模监测

警值，见图 4.2-44。

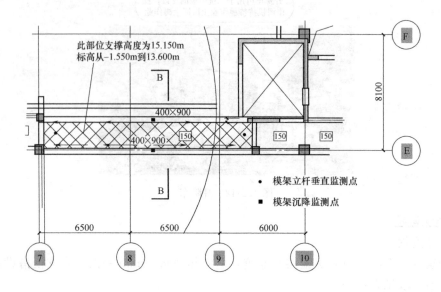

图 4.2-44　监测点平面布置图

7. 季节性施工安全技术措施

（1）雨季施工

1）做好施工现场的排水，确保施工工地排水畅通。

2）雨期应设专人负责，及时疏浚排水系统，确保施工现场排水畅通。

3）场区内主要道路应当硬化，留一定的散水坡度，在周围设置排水措施。

4）遇到大雨、大雾、高温、雷击和 6 级以上大风等恶劣天气，应当停止模架（脚手架）的搭设和拆除作业。

5）大风、大雨后，要组织人员检查模架（脚手架）是否牢固，如有倾斜、下沉、松扣、崩扣和安全网脱落、开绳等现象，要及时进行处理。

（2）冬期施工

1）模架（脚手架）、马道要有防滑措施，及时清理积雪，外脚手架要经常检查加固。

2）大雪、结冰和 6 级以上大风等恶劣天气，应当停止模架（脚手架）搭设作业，风雪过后作业，应当检查脚手架是否牢固，确认无异常方可作业。

图 4.2-45　应急演练

4.2.6　应急预案

（1）重点防范部位概况：高支模区域。

（2）风险隐患：模架坍塌、高空坠落、物体打击事故。

（3）控制措施：方案、交底、检查、验收。

（4）施救措施：组织机构、应急准备、救援，常见问题：非专项应急预案；可操作性欠缺，见图 4.2-45。

4.2.7 模架（脚手架）施工图

常见问题：

（1）模架（脚手架）施工图为示意图，无比例，无尺寸。

（2）模架布置平面图、立面图和剖面图不完整；节点详图不全。

模架施工图见图 4.2-46～图 4.2-49。

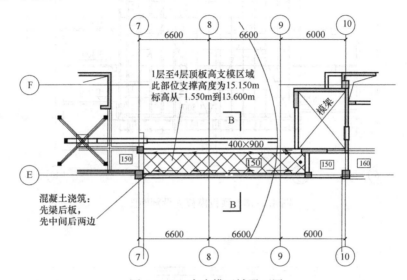

图 4.2-46 高支模区域平面图

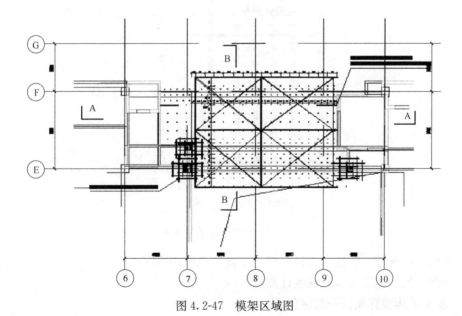

图 4.2-47 模架区域图

4.2.8 计算书

（1）竖向结构验算项目一般应包括：

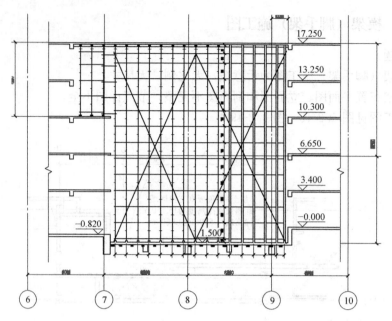

图 4.2-48 顶板模板支设剖面图

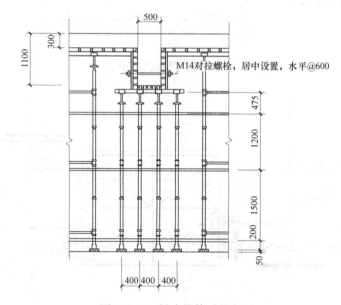

图 4.2-49 梁支撑体系节点图

1）面板—次龙骨—背楞—对拉螺栓（支撑）强度和刚度计算。

2）吊钩、勾头螺栓等节点强度计算。

（2）水平结构验算项目一般应包括：

1）面板—次龙骨—主龙骨—纵向强度和刚度计算。

2）立杆稳定性计算。

3）连接扣件和抗滑承载力计算。

4）立杆地基基础或楼板承载力计算。

（3）计算书常见问题：

1）荷载漏算或误算，无荷载分项系数。

2）无计算简图，计算模型错误，非最不利工况。

3）设计计算采用参数与材料实际不符。

4）计算条件不明确。

4.3　模架工程专项方案论证要点

（1）方案的完整性审查

（2）方案的标准规范符合性审查

（3）设计计算模型正确性审查

（4）方案的可行性审查

4.4　属高大模板支架范围

（1）住房和城乡建设部规定的范围。

住房和城乡建设部【2009】87 号文《危险性较大的分部分项工程安全管理办法》（以下简称管理办法）中，规定了混凝土模板支撑工程：搭设高度 8（5）m 及以上；搭设跨度 18（10）m 及以上，施工总荷载 15（10）kN/m² 及以上，集中线荷载 20（15）kN/m 及以上的模板支撑体系（高度大于支撑水平投影宽度且相对独立无联系构件的混凝土模板支撑工程）。

（2）如何界定高大模板支架范围，如表 4.4-1。

高大模板支架范围的界定　　　　　　　　　　　　表 4.4-1

属线荷载的框架大梁（截面尺寸）	不考虑施工荷载 400mm×1400mm
	考虑施工荷载 400mm×1300mm
属面荷载的板（板厚）	不考虑施工荷载 400mm
	考虑施工荷载 360mm

第5章 高大模板支撑系统设计计算及施工管理

5.1 计算内容

5.1.1 竖向结构验算项目

一般应包括：

（1）面板、次龙骨、背楞、对拉螺栓（支撑）强度和刚度计算。

（2）吊钩、勾头螺栓等节点强度计算。

《建筑施工安全模板安全技术规范》JGJ 162—2008 规定：面板、次龙骨、背楞要验算抗弯强度、抗剪强度和挠度；对拉螺栓（支撑）验算强度和刚度，吊钩、勾头螺栓等节点要验算强度。

5.1.2 水平结构验算项目

一般应包括：面板，次龙骨，主龙骨，横、纵向水平杆强度和刚度计算。

《建筑施工扣件式钢管脚手架安全技术规范》JGJ 130—2011 规定：验算立杆稳定性；验算连接扣件抗滑承载力；验算立杆地基基础或楼板承载力；验算连墙件的强度，验算纵横向水平杆、悬挑等受弯杆件的挠度等。

5.2 计算实例

5.2.1 梁模板计算

1. 梁模板基本参数

梁截面宽度 $B=500$mm，梁截面高度 $H=1100$mm，H 方向对拉螺栓 1 道，对拉螺栓直径 20mm，对拉螺栓在垂直于梁截面方向距离（即计算跨度）600mm。梁模板使用的木方截面 50×100mm，梁模板截面底部木方距离 150mm，梁模板截面侧面木方距离 300mm。梁底模面板厚度 $h=15$mm，弹性模量 $E=6000$N/mm^2，抗弯强度 $[f]=15$N/mm^2。梁侧模面板厚度 $h=18$mm，弹性模量 $E=6000$N/mm^2，抗弯强度 $[f]=15$N/mm^2。

在方案中我们选择材料的技术参数时按规范选择，但在实际计算书中要按现场材料实际的尺寸来进行选择计算。

如方案中选择木方主龙骨 100mm×100mm，而现场实际为 80mm×80mm，则计算时选择 80mm×80mm，见图 5.2-1～图 5.2-5。

2. 梁模板荷载标准值计算

模板自重＝0.200kN/m^2；钢筋自重＝1.500kN/m^3；混凝土自重＝24.000kN/m^3；施工荷载标准值＝2.500kN/m^2。

强度验算要考虑新浇混凝土侧压力和倾倒混凝土时产生的荷载设计值；挠度验算只考虑新浇混凝土侧压力产生荷载标准值。

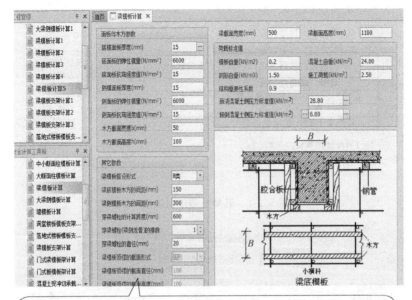

梁模板计算要明确以下参数：主、次龙骨木方的宽度、高度，模板面板厚度，主次各龙骨间距，穿梁螺杆的各向间距。其中主次各龙骨间距选择失误会对计算结果产生重大影响

图 5.2-1　梁模板计算取值

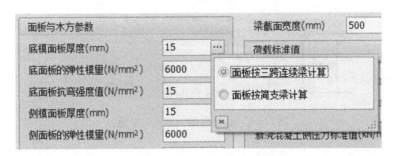

图 5.2-2　面板与木方参数取值

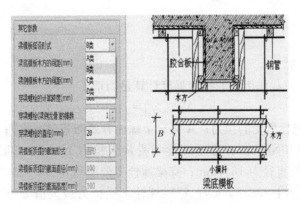

图 5.2-3　其他参数取值

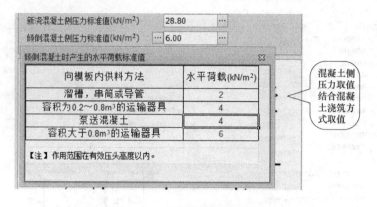

图 5.2-4 混凝土侧压力取值

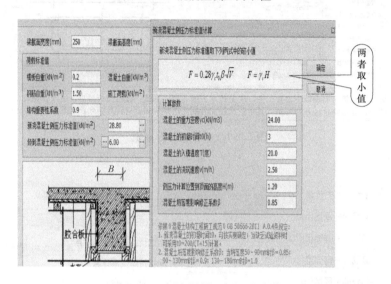

图 5.2-5 新浇混凝土侧压力取值

5.2.2 梁模板底模（侧模）计算

（1）弯强度计算

（2）抗剪计算

（3）挠度计算

（4）穿梁螺栓计算

其中以在受复合荷载作用下的抗弯强度计算最为重要。

计算公式： $$N < [N] = fA \tag{5.2-1}$$

其中 N 为穿梁螺栓所受的拉力；A 为穿梁螺栓有效面积（mm^2）；f 为穿梁螺栓的抗拉强度设计值，取 $170N/mm^2$；穿梁螺栓承受最大拉力 $N = 17.20kN$ 穿梁螺栓直径为 $20mm$；穿梁螺栓有效直径为 $16.9mm$；穿梁螺栓有效面积为 $A = 225.000mm^2$；穿梁螺栓最大容许拉力值为 $[N] = 38.250kN$；穿梁螺栓承受拉力最大值为 $N = 17.202kN$；穿梁螺栓的布置距离为侧龙骨的计算间距 $600mm$。每个截面布置 1 道穿梁螺栓。穿梁螺栓强度满足要求。

1. 梁侧模板计算

（1）梁侧模板基本参数

计算断面宽度 1200mm，高度 2000mm，两侧楼板厚度 200mm。内龙骨布置 5 道，内龙骨采用 50mm×100mm 木方。外龙骨间距 500mm，外龙骨采用 100mm×100mm 木方。

对拉螺栓布置 3 道，在断面内水平间距（400＋600＋600）mm，断面跨度方向间距 500mm，直径 20mm，面板厚度 18mm，见图 5.2-6、图 5.2-7。

（2）梁侧模板荷载标准值计算

强度验算要考虑新浇混凝土侧压力和倾倒混凝土时产生的荷载设计值；挠度验算只考

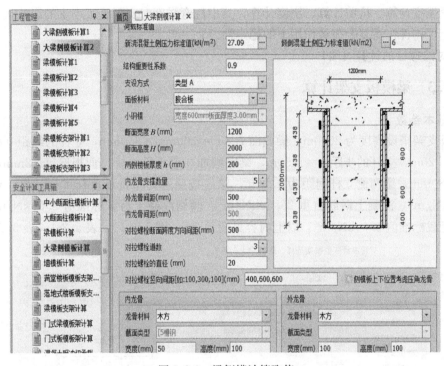

图 5.2-6　梁侧模计算取值

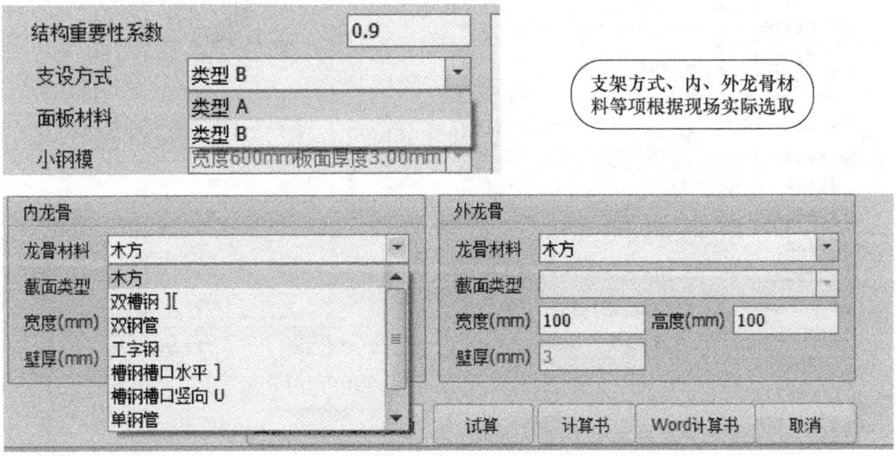

图 5.2-7　具体参数选择

虑新浇混凝土侧压力产生荷载标准值。

2. 梁侧模板面板的计算

（1）抗弯强度计算

（2）抗剪计算

（3）挠度计算

3. 梁侧模板内外龙骨的计算

内龙骨直接承受模板传递的荷载，通常按照均布荷载连续梁计算。外龙骨承受内龙骨传递的荷载，按照集中荷载下连续梁计算。

抗弯强度计算、抗剪计算、挠度计算，其中抗弯强度对实际施工产生的影响最大，它直接决定了构件在受复合荷载作用下的稳定性。

4. 对拉螺栓的计算（略）

5.2.3 梁模板支架计算

1. 基本参数

模板支架搭设高度为 20.0m，梁截面 $B \times D = 300mm \times 600mm$，立杆的纵距（跨度方向）$l = 1.20m$，立杆的步距 $h = 1.50m$，梁底增加 0 道承重立杆。面板厚度 18mm，木方 60mm×80mm，梁两侧立杆间距为 1.20m。梁底按照均匀布置承重杆 2 根计算。模板自重 0.20kN/m²，混凝土钢筋自重 25.50kN/m³。倾倒混凝土荷载标准值 2.00kN/m²，施工均布荷载标准值 0.00kN/m²。以上内容见图 5.2-8～图 5.2-11、表 5.2-1～表 5.2-3。

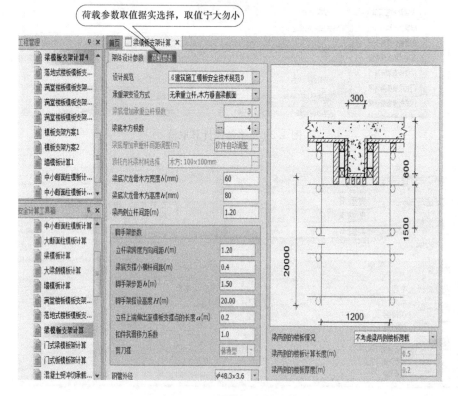

图 5.2-8　梁模板支架计算

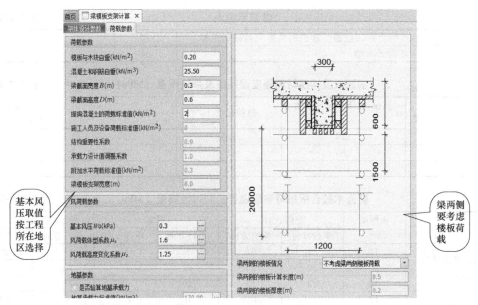

图 5.2-9　梁模板支架计算

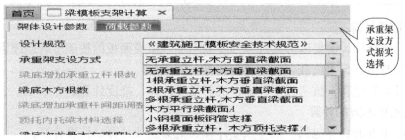

图 5.2-10　设计参数选取

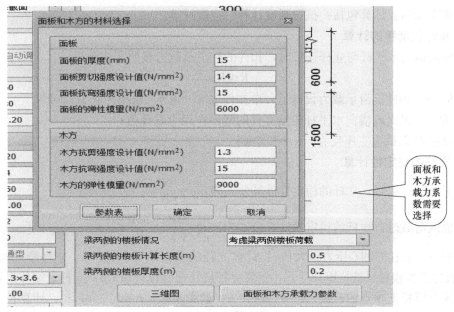

图 5.2-11　设计参数选取

参数取值表   表 5.2-1

TB13	深红梅兰蒂 浅红梅兰蒂 白梅兰蒂 马西红厚壳木	13	1.4	8000
TB11	大叶椆 小叶椆	11	1.3	7000

钢面板及钢楞材料强度设计值及弹性模量（MPa）   表 5.2-2

Q235 组别	抗拉,抗压和抗弯强度 f	抗剪强度 f_v	端面承压 f_{ce}	弹性模量 $B \times 1000$
1	215	125	320	206
2	200	115	320	206
3	190	110	320	206

覆面木胶合板抗弯强度设计值和弹性模量（MPa）   表 5.2-3

项 目	板厚度 (mm)	克隆、山樟		桦木		板质材	
		平行方向	垂直方向	平行方向	垂直方向	平行方向	垂直方向
抗弯强度设计值 (N/mm²)	12	31	16	24	16	12.5	29
	15	30	21	22	17	12.0	26
	18	29	21	20	15	11.5	25
弹性模量×10³ (N/mm³)	12	11.5	7.3	10	4.7	4.5	9.0
	15	11.5	7.1	10	5.0	4.2	9.0
	18	11.5	7.0	10	5.4	4.0	8.0

2. 模板面板计算

面板为受弯结构，需要验算其抗弯强度和刚度。模板面板的按照多跨连续梁计算。作用荷载包括梁与模板自重荷载，施工活荷载等。

模板面板计算包括：抗弯强度计算、抗剪强度计算、挠度计算。

3. 梁底支撑木方的计算

梁底支撑木方的计算包括：抗弯强度计算、抗剪强度计算、挠度计算。

4. 梁底支撑钢管计算

梁底支撑钢管计算包括：抗弯强度计算、挠度计算。

5. 扣件抗滑移的计算

纵向或横向水平杆与立杆连接时，扣件的抗滑承载力按照下式计算：

$$R \leqslant R_c \tag{5.2-2}$$

其中 R_c——扣件抗滑承载力设计值，单扣件取 8.00kN，双扣件取 12.00kN；

     R——纵向或横向水平杆传给立杆的竖向作用力设计值；

计算中 R 取最大支座反力，$R=4.23$kN。

6. 立杆的稳定性计算

不考虑风荷载时，立杆的稳定性计算公式为：$\sigma = \dfrac{N}{\phi A} \leqslant [f]$ (5.2-3)

考虑风荷载时，立杆的稳定性计算公式为：$\sigma = \dfrac{NW}{\phi A} + \dfrac{MW}{W} \leqslant [f]$ (5.2-4)

其中 N：立杆的轴心压力最大值 i：计算立杆的截面回转半径；A：立杆净截面面积；W：立杆净截面模量（抵抗矩）；$[f]$：钢管立杆抗压强度设计值；a：立杆上端伸出顶层横杆中心线至模板支撑点的长度，$a=0.20$m；h：最大步距，$h=1.50$m；10：计算长度，取 $1.500+2\times0.200=1.900$m；λ：长细比，为 $1900/15.9=119<150$ 长细比验算满足要求。

5.2.4 满堂楼板模板支架计算

1. 计算参数

模板支架搭设高度为 4.0m，立杆的纵距 $b=1.20$m，立杆的横距 $l=1.20$m，立杆的步距 $h=1.50$m。面板厚度 18mm，剪切强度 1.4N/mm^2，抗弯强度 15.0N/mm^2，弹性模量 6000.0N/mm^2，木方 50mm×80mm，间距 300mm，见图 5.2-12～图 5.2-15。

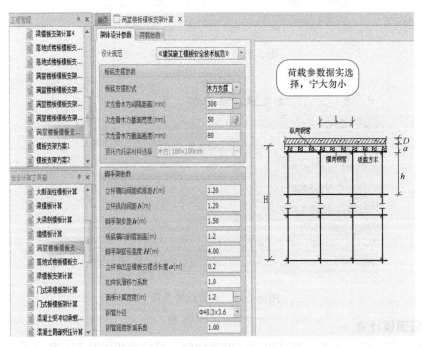

图 5.2-12　满堂支架计算取值

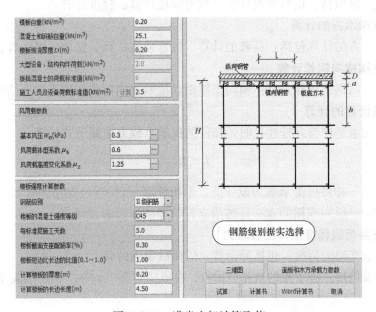

图 5.2-13　满堂支架计算取值

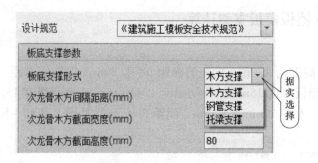

图 5.2-14 支撑形式选择

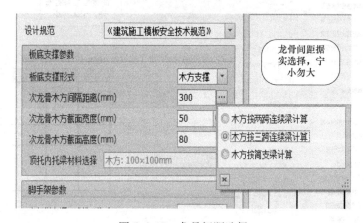

图 5.2-15 龙骨间距选择

2. 模板面板计算

面板为受弯结构，需要验算其抗弯强度和刚度。模板面板的按照三跨连续梁计算。

模板面板计算包括：抗弯强度计算、抗剪强度计算、挠度计算。

3. 模板支撑木方的计算

模板支撑木方的计算包括：荷载的计算、抗弯强度计算、抗剪强度计算、挠度计算。

4. 板底支撑横向钢管计算

板底支撑横向钢管计算包括：横向支撑钢管按照集中荷载作用下的连续梁计算。

5. 扣件抗滑移的计算

纵向或横向水平杆与立杆连接时，扣件的抗滑承载力按照下式计算：

$$R \leqslant R_c$$

其中　R_c——扣件抗滑承载力设计值，单扣件取 8.00kN，双扣件取 12.00kN；

　　　R——纵向或横向水平杆传给立杆的竖向作用力设计值。

6. 模板支架荷载标准值（立杆轴力）

作用于模板支架的荷载：包括静荷载、活荷载和风荷载。

（1）静荷载包括：脚手架的自重（kN）、模板的自重（kN）、钢筋混凝土楼板的自重（kN）。

（2）活荷载为施工荷载标准值与振捣混凝土时产生的荷载。

7. 楼板强度的计算

验算楼板强度时按照最不利考虑，楼板的跨度取最大值，楼板承受的荷载按照线均布考虑。

按照楼板每 5d 浇筑一层，所以需要验算 5d、10d、15d…的承载能力是否满足荷载要求。

5.3　模架材料进场验收

5.3.1　验收对象

由施工单位负责进行，并留存记录、资料。

5.3.2　验收方法

对承重杆件、连接件的产品合格证、生产许可证和检测报告进行复核，并对表面观感、重量等物理指标进行抽检。

5.3.3　验收标准

对承重杆件的外观抽检数量不得低于搭设用量的 30％。当发现质量不符合标准的情况严重时，要进行 100％检验（查），并由监理随机抽取，外观检验不合格材料样品，送法定专业检测机构进行检测，见表 5.3-1、图 5.3-1～图 5.3-4。

现场钢管扣件检查验收记录表

表 5.3-1

单位工程名称			
验收项目	□钢管；□扣件；		
施工单位		监理单位	
验收内容	1. 钢管、扣件、顶托材料材质要符合国家相应规范标准要求,产品的规格、商标应在醒目处铸出,字迹图案要清晰、完整,要有出厂材质证明书; 2. 钢管表面应平直光滑,不应有裂缝、结疤、分层、错位、硬弯、毛刺、压痕和深的划道; 3. 扣件外观应无锈蚀、氧化皮,各部位应无裂纹,主要部位无松缩。错箱不应大于 1mm; 4. 铆钉应符合《半圆头铆钉》GB 867—1986 的规定,铆接处应牢固,铆接头大于铆孔直径 1mm,且美观,不应有裂纹; 5. T 型螺栓、螺母、垫圈、铆钉采用的材料应符合《碳素结构钢》GB/T 700—2006 的有关规定。螺栓、螺母的螺纹应符合《普通螺纹　基本尺寸》的规定,垫圈应符合 GB 95 的规定。T 型螺栓 M12,总长为 72±0.5mm,螺母对边宽 22±0.5mm,厚度 14±0.5mm。T 型螺栓和螺母的螺纹用 3 级精度环规、塞规检查; 6. 扣件活动部位应能灵活转动,旋转扣件两旋转面间应小于 1mm			

施工单位检查结果：

项目安全员：　　　年　月　日

监理(建设)单位验收结论：

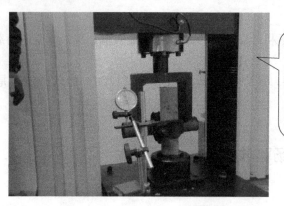

检测项目：直角扣件检测抗滑、抗破坏、扭转刚度的力学性能；旋转扣件检测抗滑、抗破坏的力学性能；对接扣件检测抗拉的力学性能

图 5.3-1　扣件性能检测

产品出厂确认合格证书

××××××××××××公司

证书号：×××××××

发证日期：×××××

有效日期：×××××

全国工业产品生产许可证

（副　本）

×××××××有限公司

经审查，你单位生产的下列产品符合取得生产许可证条件，特发此证。

产品名称：建筑钢管脚手架扣件

住　所：××××××××

生产地址：××××××××××××

证书编号：××××××××

有效期至：×××××××　　××年 ××月 ××日

图 5.3-2　出厂合格证　　图 5.3-3　生产许可证

河北省建筑扣件产品质量监督检验站

检验报告附页

冀检(扣件)字(2009)第 17100043 号　　共 3 页，第 3 页

检验项目	技术要求	判定方案 n	Ac	Re	位置	实测结果 1/11	2/12	3/13	4/14	5/15	6/16	7/17	8/18	9/19	10/20	不合格品数	判定
抗滑性能(以位移量(mm)表示)	P=7.0kN时Δ1≤7.00	第一样本20	1	3	圆弧面1	1.76	1.81	1.75	1.72	1.78	1.91	1.75	1.71	1.89	1.96	0	合格
					圆弧面2	1.93	1.73	1.88	1.80	1.93	1.87	1.82	1.84	1.73	1.91		
					圆弧面1	1.81	1.92	1.76	1.97	1.77	1.64	1.75	1.78	1.92	1.85		
					圆弧面2	1.78	1.85	1.92	1.89	1.90	1.81	1.82	1.61	1.67	1.74		
	P=10.0kN时Δ2≤0.50				圆弧面1	0.08	0.09	0.13	0.08	0.07	0.10	0.11	0.07	0.09	0.08	0	合格
					圆弧面2	0.07	0.06	0.08	0.09	0.09	0.08	0.08	0.14	0.11	0.07		
					圆弧面1	0.16	0.11	0.07	0.13	0.09	0.07	0.06	0.08	0.15	0.09		
					圆弧面2	0.10	0.09	0.06	0.10	0.11	0.06	0.16	0.12	0.10	0.12		
抗破坏性能	P=25.0kN时各部位不得破坏	第二样本20	4	5	——	未破坏	未破坏	未破坏	未破坏	未破坏	未破坏	未破坏	未破坏	未破坏	未破坏	0	合格
						未破坏	未破坏	未破坏	未破坏	未破坏	未破坏	未破坏	未破坏	未破坏	未破坏		
扭转刚度(mm)	扭力矩为900N·m时f≤70.0				——	61	66	59	62	67	66	54	60	59	61	0	合格
						61	53	64	64	62	62	53	68	58	61		
试验时螺栓拧力矩为 40Nm																	

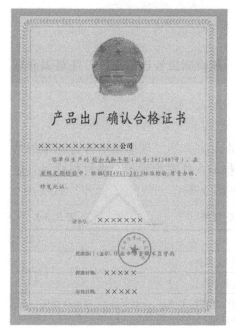

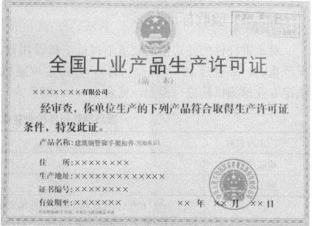

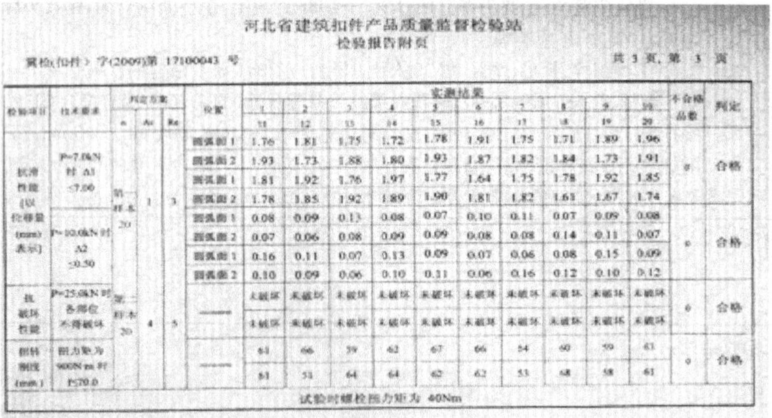

图 5.3-4　产品检测报告

5.4　搭设技术交底及验收

5.4.1　搭设技术交底

(1) 安全技术交底除应按照专项方案介绍模板支架的工艺、工序、作业要点和技术要求外，还要提供给大家一个简明的技术和安全控制的要点，以利于执行和监控管理，见表5.4-1、图5.4-1。

安全技术交底内容表

表 5.4-1

方　面	内　容　项　目
搭设条件	1)场地平整,夯实要求; 2)先浇楼盖混凝土龄期和强度要求
杆件、材料	1)钢管杆件的壁厚和直径要求; 2)定型杆件的直径和单重要求; 3)扣件的质量和单重要求; 4)可调底、托丝杆的直径和板厚要求; 5)木方和垫板的规格要求
支架搭设	1)立杆的间距、横步距及偏差要求; 2)扫地杆的高度要求; 3)立杆伸出长度(含可调托座)要求; 4)可调底、托丝杆的直径和板厚要求; 5)水平剪刀撑的设置层和设置要求; 6)竖向剪刀撑的设置要求; 7)剪刀撑(斜杆)的连接要求; 8)梁下立杆的对中要求; 9)扣件的紧固力要求; 10)杆件对接头的位置要求; 11)构件加强部位的杆件设置要求; 12)附着拉结的设置要求; 13)立杆的垂直偏差和横杆的水平偏差要求; 14)架顶支点标高偏差要求; 15)双立杆的设置要求
模板、钢筋施工	1)架上材料堆放要求; 2)施工不得任意改动架子要求
浇筑作业	1)混凝土坍落度和初凝时间要求; 2)浇筑顺序和层厚要求; 3)浇筑设备配置要求; 4)架面作业人员及集中作业限制; 5)振捣棒集中震动限制; 6)对各种水平作用的控制要求
其他	1)施工期间的天气条件控制; 2)检查验收要求; 3)养护期间可进行上层作业的间隔时间; 4)应予及时清除的常见安全隐患; 5)应予警惕的异常情况

151

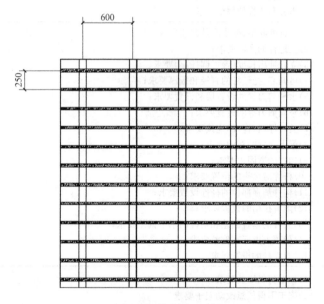

由专业技术人员对施工班组进行
现场书面技术交底，并有双方签字

图 5.4-1　安全技术交底

（2）基本要求：

1）重视方案交底，见图 5.4-2、图 5.4-3。

结合平、剖、节点详图、钢管基本排架尺寸、梁下木方铺放方向等进行交底。

图 5.4-2　顶板模板支设平面图

2）重视"一顶"、"一底"的搭设质量，见图 5.4-4。

①"一顶"：顶部立杆上的水平杆步高可适当缩小。

顶部立杆上的双向水平杆均不能少；顶部立杆上的双扣件拧紧力矩不能小于 40N·m。

②"一底"：底部立杆上的扫地杆不可少，见图 5.4-6、图 5.4-7。

底部立杆的基础牢靠、排水良好；底部向下传力直接可靠。

3）重视基本的抗侧力、抗扭转等剪刀撑的搭设

竖向剪刀撑：在架体外侧周边及内部，每 5m～8m 由底至顶设置连续竖向剪刀撑，剪刀撑宽度为 5m～8m；跨越 4 跨，梁下竖向剪刀撑沿梁底及两侧立杆布置。

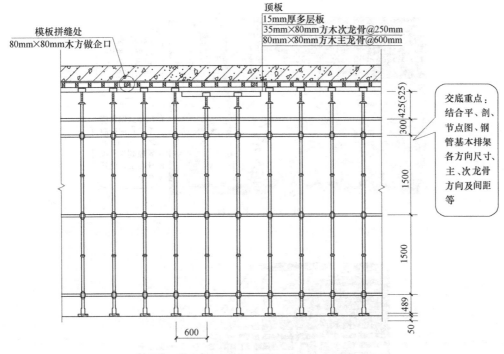

图 5.4-3　排架立面图

图 5.4-4　顶部立杆及水平杆

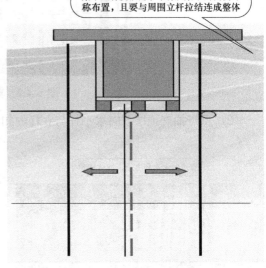

图 5.4-5　梁底模架

5.4.2　搭设检查

基本要求：

（1）检查是否按方案搭设，基本架体尺寸、基本步高、双向水平搭设是否完整、立杆接头部位、竖向和水平层剪刀撑搭设、大梁下的搭设细部等。

底部混凝土地面，牢固可靠，向下传力可靠，坡度排水良好

扣件式钢管脚手架扫地杆距地200mm，布置原则为：纵杆在上，横杆在下

图 5.4-6　扫地杆

图 5.4-7　剪刀撑设置

（2）重点抽查顶层双向水平杆与立杆的扣件拧紧力矩、自由端，见图 5.4-8～图 5.4-14。

纵纵向水平杆齐全，架体规整

竖向剪刀撑由底至顶，布置连续，水平剪刀撑可加大架体水平方向的抵抗力，从而增强架体的整体稳定性

图 5.4-8　高支模架体

图 5.4-9　竖向剪刀撑

图 5.4-10　问题模架

图 5.4-11　不合格模架

图 5.4-12　不合格模架

图 5.4-13　合格模架

图 5.4-14　扭紧力矩检查

5.4.3 搭设验收

1. 布架验收

在垫板铺设完成并在垫板上放线标定立杆位置后进行检查，确定其立杆布置及其调整是否符合专项方案规定和对中、对称及设置拉结的位置要求；在搭设完 2~3 步架后，检查其立杆垂直度和横杆水平度是否符合要求。项目技术负责人（总工）及方案设计人员必须参与搭设过程检查，以便解决立杆布置遇到的问题，见图 5.4-15。

2. 中间检查

当架高超过 15m 时，应加设一次中间检查，主要检查两个方面：一为立杆垂直的偏差变化，是否过大或影响向上搭设；二为检查水平剪刀撑（加强层）和内部竖向剪刀撑的设置情况，有问题时可以较方便地解决，见图 5.4-16。

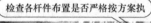

图 5.4-15　布架检查　　　　　　　　　图 5.4-16　模架搭设过程检查

3. 搭设完成验收

注意应验收架顶点支点标高是否符合方案要求，避免出现支点过高部位受力过大情况，并为沉降监控要求提供基础依据，见图 5.4-17。

4. 浇筑混凝土前的检查验收

在模板和钢筋工程施工期间，支架已开始承载并会发生一些自身的调整变化，包括节点松动、底部移位和杆件变形等，此时检查人员进入架内检查还是安全的，可以及时进行加固和处理，避免在浇筑时出问题，见图 5.4-18。

图 5.4-17　模架完成验收　　　　　　　图 5.4-18　验收合格

5.5　模架施工安全控制点与技巧

5.5.1　模架施工安全控制点

安全控制措施见表 5.5-1、表 5.5-2。

安全控制组织措施　　　　　　　　　　　　　表 5.5-1

序号	关键环节	控　制　要　求
1	工程任务的承接（下达）与管理安排	不得违法分包、非法转包，必须将安全控制项目作为工程项目的管理重点之一
2	方案措施的制定	方案措施制定要严谨，论证、审批要严肃认真，执行要严格
3	杆配件等材料的检查验收	材料进场严格按照相关规定检测、复验，不得使用不合格、有损伤和显著变形的材料，不同材料不得混用
4	搭设前的技术交底和搭设质量的检查验收	搭设前由方案编制专业技术人员向作业人员进行书面技术交底；在搭设完 2～3 步架后，检查其立杆垂直度和横杆水平度是否符合要求总技术负责人（总工）及方案设计人员必须参与这次检查，以便解决立杆布置遇到的问题；当架高超过 15m 时，应加一次中间检查，主要检查两个方面：一为立杆垂直的偏差变化，是否过大或影响向上搭设；二为检查水平剪刀撑（加强层）和内部竖向剪刀撑的设置情况，有问题时可以较方便地解决；必须严格按照方案进行搭设，不得任意调整、改变杆件间距、数量及位置等
5	浇筑工艺和施工安排	必须纳入方案措施并与支架的设计计算情况一致，不得任意调整改变。必要时复核其是否安全
6	浇筑过程安全监控	严格按施工方案措施进行作业和安全监护。人员、机具不得过分集中，发现异常情况立即停止浇筑，待险情排除后方可继续施工

安全控制技术措施　　　　　　　　　　　　　表 5.5-2

序号	安全控制点	控　制　要　求	
1	设计安全（保证）度	强度计算达到安全系数 $K \geqslant 1.65$；稳定性计算达到 $K \geqslant 2.2$ 扣件架立杆的计算应力 $\sigma \leqslant 160N/mm^2$	
2	立杆顶端的伸出长度	不大于 500mm	
3	扫地杆设置	必须双向连续设置，碗扣式脚手架扫地杆距地为 350mm，扣件式钢管脚手架扫地杆距地为 200mm	
4	可调底座和托座	丝杆直径 $\geqslant 36mm$，丝杆工作长度 $\leqslant 300mm$	
5	扣件拧紧力矩	40～65N·m	
6	横杆直接承载	以下情况不得直接承载：(1)横杆长（跨）度大于 2m；(2)横杆线荷载标准值大于 10kN/m 或相当的荷载作用；(3)支座的计算弯矩大于 5kN·m 或超过节点的抗弯允许值；(4)位于截面积大于 0.4m² 梁下的支架；(5)横杆受弯的计算挠度超过规定	
7	架体的结构横杆拉通	(1)单型（墩式、排式、满堂）架体双向结构横杆全部拉通；(2)混合型架体确保满堂架横杆全部拉通，墩式和排式的加密横杆至少在其刚度较弱方向向满堂架延伸 1 跨	
8	斜杆配置和水平（斜杆）加强层	扣件架、碗扣架	按构造设计均衡配置，其斜杆配置率（有斜杆总框格数/构架总框格数）：满堂架不得低于 6%；排式和墩式架不得低于 15%

序号	安全控制点		控制要求
9	斜杆配置和水平（斜杆）加强层	销固架	均衡配置,不得低于:A 级 45%;B 级 38%,且每个单元(立方)体至少有 3 个边(占 1/4)是三角形不变体的一个边
10		水平(斜杆)加强层	(1)扫地杆和顶部架上横杆层必须设置,其间隔不大于 6m 设一道;(2)水平加强层的角部必须设置斜杆;(3)毗邻的不设斜杆框格数不得大于 2 个(边部)或 4 个(中部)
11	杆件的长细比		立杆和横杆≤200,构造斜杆≤210,受压斜杆≤180
12	混凝土浇筑的分层厚度		板位应≤300mm,梁位应≤600mm(当梁和板下支架采用同一构架尺寸时,按板位控制)
13	同时作业的振捣棒数		每平方米(板位)或延米(梁位)均不得超过 1 根
14	高支架的附着(柱、墙)拉结措施设置		应与水平加强层的一致
15	支架底部基地要求		(1)具有足够承载力;(2)不足的楼板应设支撑;(3)支垫应稳固
16	其他控制事项		(1)与高大厅堂毗邻的楼盖应先浇筑;(2)泵送管道不得有明显的水平摆动;(3)混凝土龄期强度≤75%时不得拆除其下支撑;(4)施工中途因故停顿后,重新施工时,必须做全面检查
17	其他禁止事项		(1)立杆搭接;(2)相邻立杆接头位于同一高度;(3)不落地短立杆;(4)任意减少结构横杆;(5)采用薄板支垫;(6)立杆悬空或处于支垫物边缘;(7)浇筑过程中进入模架内检查或加固

5.5.2　模架施工安全控制技巧

1. 在高大支模区域设置高承载力核心柱

(1) 苏州工业园区国际大厦转换梁楼盖施工钢管排架支模,地上主楼 20 层,地下 2 层,大厅高 28.8m,大厅井式转换梁层平面尺寸为 18m×27m,上抬 12 层 9m×9m 柱网框架。绍兴一建于 1999 年 8 月施工,见图 5.5-1～图 5.5-3。

大厅井式转换梁层平面尺寸为 18m×27m,板厚 250mm,支模高度 25m,模板支架方案进行了专家论证,见图 5.5-2。

图 5.5-1　大厦外观

图 5.5-2　大厅转换梁

大厅井式转换梁尺寸为 x 向 1000mm×3500mm，跨度 27m；y 向 1000mm×3200mm，跨度 18m；混凝土 C55。在双向预应力大梁交叉点设 4 根高承载力钢柱，俗称"救命柱"，见图 5.5-3。

（2）江苏国投大厦转换梁施工钢管排架支模

江苏国投大厦的预应力混凝土转换梁的尺寸为 1000mm×4200mm，跨度 16m，位于第 6～7 层，上抬 26 层。通州四建 1999 年 10 月施工，见图 5.5-4。

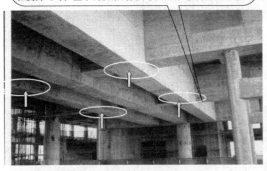

救命柱位置，通过设置不等高双向预应力梁格，调整各梁格的刚度，达到了改变传力途径、控制内力分布，是支撑住受力均匀，整个转换结构赘余度增加，较为安全可靠

图 5.5-3　转换梁

重点检查：梁下木枋间距、钢管排架间距必须严格按照施工方案执行

图 5.5-4　转换梁施工

三根转换梁底模下木枋与梁轴正交布置，钢管排架间距@400mm，板下@800mm，在每根转换梁下跨度中间增设 3 根 ϕ609×12 钢管柱（钢管柱将主要荷载传至地下室同位置的混凝土柱；减少超高支模空间的跨度，也是防止支架整体坍塌的"救命柱"），见图 5.5-5。

钢管柱作用：

（3）南京电视台演播中心大演播厅屋盖重新施工钢管排架支模板下钢管排架间距 600mm×600mm，梁下加强区立杆间距 300mm×600mm，加强区宽 2100mm。图中

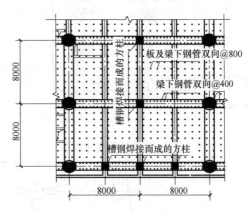

图 5.5-5　模架布置平面图

黑直线交点为满堂架立杆的定位点，新方案排架钢管总用量约 1000t，见图 5.5-6。

板下中心区域在双向交叉点设置 6 个加强柱，加强柱的立杆间距为 300mm×300mm，每柱 64 杆，加强柱即为"救命柱"，可防止突发性坍塌事故，见图 5.5-7。

图 5.5-8 为重新支模的现场，钢管排架已搭到顶部，顶部立杆均设双扣件，70 名架子工搭设近两个月，搭设人工费近 12 万元。

2. 利用边缘构件卸载

大厅边缘构件预埋钢板，焊接钢三角挑架，利用边缘构件卸载，见图 5.5-9。

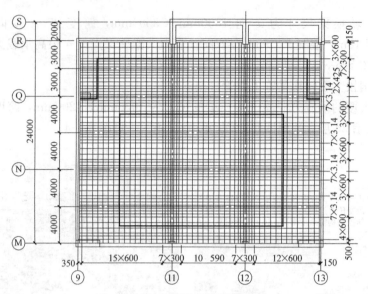

图 5.5-6　模架布置平面图

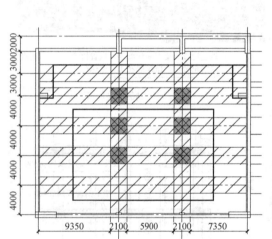

图 5.5-7　救命柱平面布置图

图 5.5-8　模架搭设

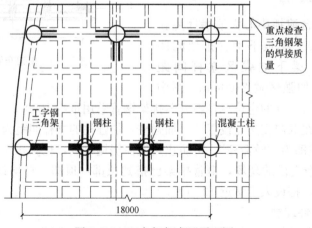

图 5.5-9　三角钢架布置平面图

江苏国投大厦转换梁施工钢管排架支模，三根转换梁底模下另设钢横梁和钢斜撑卸载，在对准下部 $\phi609\times12$ 钢管柱的位置设槽钢焊接的方立柱，见图 5.5-10。

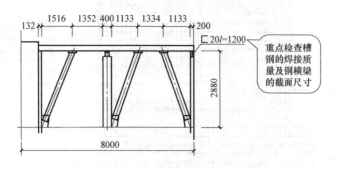

图 5.5-10　转换梁卸载示意图

3. 高支撑排架设置加强带

（1）苏州工业园区国际大厦转换梁楼盖施工

钢管排架支模转换梁下 25m 高的钢管支架设置加强带，以保证支架的整体刚度，减小晃动，在下部楼层边梁混凝土施工时，预埋了短钢管支架外周的水平连系杆均与预埋短管扣接，见图 5.5-11。

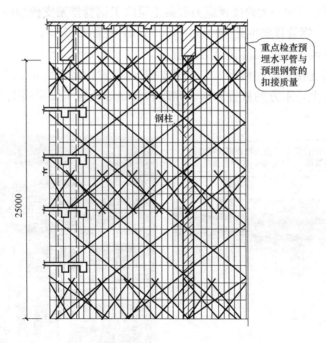

图 5.5-11　模架加强带示意图

（2）南京电视台演播中心大演播厅屋盖

重新施工钢管排架支模，为加强超高钢管排架的整体稳定性，沿全高设四道水平加强带，加强带搭设成桁架，沿梁两侧布置，间距为 900mm 两片桁架之间设置水平撑和竖向剪刀撑，保证桁架的平面外稳定，见图 5.5-12。

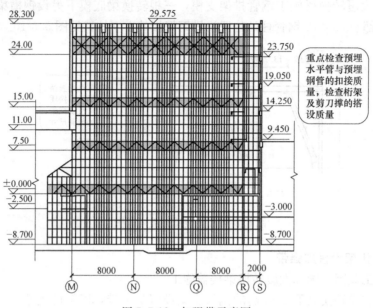

图 5.5-12　加强带示意图

4. 大梁下木枋正交于梁轴排放

（1）南京国际展览中心大跨度预应力混凝土梁施工钢管排架支模预应力大梁 1000mm×2650mm，27m 跨。钢管排架间距 600mm×600mm，见图 5.5-13。

（2）苏州工业园区国际大厦转换梁楼盖

施工钢管排架支模，梁底模下木枋与梁轴正交布置，将 13t/m 的荷载均匀分布到每排 6 根的钢管立柱上，木方的放置方向、间距和长短等决定了大梁施工线荷载的分配，见图 5.5-14。

图 5.5-13　预应力大梁排架

图 5.5-14　大梁排架

5. 利用劲性钢梁吊模

广州天誉二期地下 6 层，地上 38 层，裙楼 6 层，高度为 172.9m 裙房上矗立南、北两座塔楼，其中南楼为超五星级酒店，北楼为高级办公写字楼，两楼相距 20m，图

5.5-15。

连体结构于 134.2m（第 32 层）的高度通过大型型钢混凝土转换层结构（梁高 2.6m）将两座塔楼连成整体，且转换层下为一悬挂结构，连体结构 7 层，见图 5.5-16。

 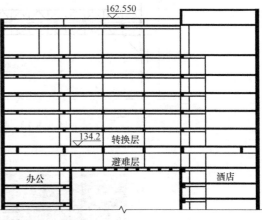

图 5.5-15　楼体效果图　　　　　　　　图 5.5-16　转换层立面图

（1）方案 1：采用传统的承重满堂支撑架

采取措施将裙房屋面加固后，在屋面上搭设高度约 100m 的满堂式模板支撑架，架体确保稳定并与塔楼实行有效拉结，使其满足连体结构的施工要求。

该方案较为稳妥但支撑材料用量大，搭拆工期长，加固费用高，施工成本大，见图 5.5-17。

（2）方案 2：架设高空重型操作平台

两座塔楼主体混凝土结构施工时，在连体结构转换层设计标高的下方预设埋件，当该部位混凝土达到设计强度后，利用埋件焊接固定型钢支座。型钢支座上安装六四式铁路军用梁组成重型施工操作平台，再搭设连体结构模板支撑架。该方案安全可

图 5.5-17　架体立面图

靠，但 570m² 的临时操作平台自重大，其制作、租赁、安装和拆除的成本也大，且具有一定的施工难度，见图 5.5-18。

（3）方案 3：充分利用转换层钢主梁自身的承载能力

转换层钢主梁设计为焊接 H 型钢，截面高 2200mm，经验算具有相当大的承载能力，完全可以利用其悬挂操作平台和自身的模板系统，见图 5.5-19。

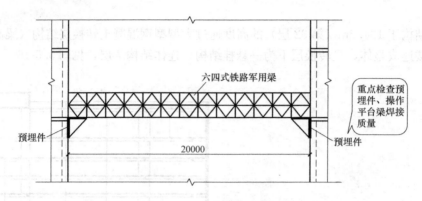

图 5.5-18　操作平台示意图

图 5.5-19　H 型钢梁

5.6　模架施工管理监督要点

模架施工管理监督要点见表 5.6-1。

表 5.6-1

模架施工管理监督要点

监督单位	对高大模板支架工程监督管理工作的要求
施工单位(工程项目的上级单位)	(1)监督工程项目严格执行《导则》对方案管理、验收管理和施工管理工作的程序、项目和内容; (2)在进行支架搭设、混凝土浇筑和拆除作业的过程中,应重点监督项目设专业技术人员进行现场指导和设专人负责安全检查的要求。必要时,应设专人进行现场指导和安全监察; (3)当发现险情或接到险情报告后,应立即停工,施工单位的生产和技术负责人应组织和指挥项目施管人员采取应急措施。在排除险情后,方可继续施工
监理单位	(1)监督施工单位全面执行专家论证意见; (2)对支架搭拆和浇筑作业实施巡视检查,发现隐患应责令整改; (3)对施工单位拒不整改或拒不停止施工的,应及时向建设单位报告
建设单位	(1)监督监理单位认真履行对高大模支架工程安全的监理职责; (2)接监理报告后,立即责令施工单位执行

监督单位	对高大模板支架工程监督管理工作的要求
建设主管部门用监督机构	（1）对高大模板支架工程采取重点监督措施； （2）加强对高大模板支架工程方案管理、验收管理和施工管理应严格遵守规定程序和认真履行序岗职责的监督检查； （3）对检查发现施工单位、监理单位和建设单位在高大模板支架工程管理中的违规行为与存在问题，及时责令其认真整改，并视问题情况，依法追究责任

5.7　总结

（1）支模架施工方案，要编制、制订、审查在先。

支模架施工方案由项目术负责人及专业技术人员编制，编制完成后报企业技术负责人审核签字，企业技术负责人签字后报专业监理工程师审核签字，无误后可报项目总监理工程师审核签字（需要专家论证的必须组织专家论证）。

（2）支模架施工方案在实施前，要技术交底在先。

支模架施工方案实施前有方案专业编制人员对作业人员进行书面技术交底，交底双方要签字。

（3）开始搭设支模架时，初期检查在先。

开始搭设时专业技术人员要检查模架钢管的位置、间距等是否符合方案要求，避免后期验收不合格造成的返工。

（4）架体搭设过程中，相关各方协调工作在先。

架体搭设过程中，各方应协调好材料的供应及其他交叉作业的先后顺序等，避免互相影响施工。

（5）搭设完成后和投入使用前，要检查、验收、签字在先。

搭设完成后，项目技术负责人要带领专业技术人员共进行自检，自检合格报监理检查，检查无误后双方签字认可。

（6）浇筑混凝土作业时，要确定浇筑顺序和注意事项在先。

浇筑混凝土作业时，要严格按照方案中的浇筑顺序和注意事项进行浇筑，避免架体受力不合理引发事故。

（7）拆除支模架之前，再次进行技术交底和注意事项在先。

拆模前要制定拆模施工方案，并由专业技术人员再次对作业人员进行书面技术交底，交底双方要签字。